青少年学习趣味培养

数学这样读更有趣

兴趣是最好的学习品质

李宏◆编著

中国社会科学出版社

图书在版编目(CIP)数据

数学这样读更有趣/李宏编著. —北京:中国社会科学出版社,2013.6
(青少年学习趣味培养丛书)
ISBN 978-7-5161-2335-5

Ⅰ.①数… Ⅱ.①李… Ⅲ.①数学-青年读物 ②数学-少年读物 Ⅳ.①O1-49

中国版本图书馆CIP数据核字(2013)第061365号

出 版 人 赵剑英
责任编辑 林 玲
责任校对 刘 智
责任印制 王 超

出版发行 中国社会科学出版社
社 址 北京鼓楼西大街甲158号(邮编100720)
网 址 http://www.csspw.cn
中文域名:中国社科网 010-64070619
发 行 部 010-84083685
门 市 部 010-84029450
经 销 新华书店及其他书店

印刷装订 北京市昌平区新兴胶印厂
版 次 2013年6月第1版
印 次 2015年9月第3次印刷

开 本 710×1000 1/16
印 张 10
字 数 134千字
定 价 19.80元

凡购买中国社会科学出版社图书,如有质量问题请与本社联系调换
电话:010-64009791

前 言

每个孩子的心中都有一座快乐的城堡，每座城堡都需要借助思维来筑造。一套包含多项思维内容的经典图书，无疑是送给孩子最特别的礼物。学校是青少年求知的乐园，学科教育是青少年获取知识的重要手段和途径。阅读可以使青少年的知识宝库不断丰富，帮助青少年感受成长的快乐与收获的喜悦。为帮助青少年学会快乐阅读，我们精心编写了本套丛书。

让青少年阅读属于自己的案头读物，让青少年奠定精神成长的大格局。一个希望优秀的人，是应该亲近学科知识的。亲近学科知识最好的方式之一当然就是阅读。阅读与学科知识有关的课外读物，在故事和语言中得到和世俗不一样的气息，优雅的心情和感觉在这同时也就滋生出来；还有很多的智慧和见解，是你在受教育的课堂上和别的书里难以如此生动和有趣地看见的。慢慢地，慢慢地，这阅读就使你有了格调、有了不平庸的眼睛。新课标明确指出：“阅读是搜集处理信息、认识世界、发展思维、获得审美体验的重要途径。”“阅读教学的重点是培养学生具有感受、理解、欣赏和评价的能力。”学生语感的培养、信息的获取、社会的认识、思维的发展都离不开对学科知识的广泛涉猎和独立感悟。课外自由而广泛的阅读，对学科知识的积累、综合能力的提高都具有重要的意义。

本套丛书分别从语文、文学、数学、物理、化学、自然、天文、地理、音乐、舞蹈10个方面入手，探讨了快乐阅读的趣味性。重在帮助青少年提高分析问题和解决问题的能力，让青少年在阅读中积累知识，感受成长的快乐和收获的喜悦。最后，希望本套丛书能给青少年的学科知识创造一个快乐的起点，科学激发青少年的阅读兴趣，锻炼青少年的阅读技巧，提高青少年的语言能力，开启青少年的早期智慧。

目　录

第一辑　有趣的数学

第二辑　学好数学，用好数学

有趣的数学

蜂房中的数学

众所周知，蜂蜜是由辛勤的小蜜蜂们酿出来的，但你是否见过蜜蜂产蜜的蜂房呢？若你仔细地观察过蜂房，你就会由衷地发出惊叹：“蜂房的结构可真是大自然中的奇迹啊！”从正面看上去，蜂房的蜂窝全是由很多大小一样的六角形组成的，并且排列得非常整齐；而从侧面看，蜂房是由很多的六棱柱紧密地排列在一起而构成的；若再认真地观察这些六棱柱的底面，你会更加惊讶，它们已不再是六角形的，不是平的，也不是圆的，却是尖的，是由三个完全相同的菱形构成的。

蜂窝这样奇妙的六角形结构早就引起了人们的注意：为何蜜蜂要把它的蜂窝做成六角形而不是做成三角形或正方形呢？

蜜蜂虽然没有学过镶嵌理论，但是正像自然界中的许多事物一样，昆虫和兽类的建筑常常可用数学方法进行分析。自然界用的是最有效的形式——只需花费最少能量和材料的形式。不正是这一点把数学和自然界联系起来的吗？自然界掌握了求解极大极小问题、线性代数问题和求出含约束问题最优解的艺术。

现在我们就把注意力集中到这些小小的蜜蜂身上，看看其中蕴藏着哪些数学概念。

巢房是由一个个正六角形的中空柱撞房室，背对背对称排列组成。

六角形房室之间相互平行，每一间房室的距离都相等。每一个巢房的建筑，都是以中间为基础向两边水平展开，从其房室底部至开口处有 13°的仰角，这是为了避免存蜜的流出。另一侧的房室底部与这一面的底部又相互接合，由三个全等的菱形组成。此外，巢房的每间房室的六面隔墙宽度完全相同，两墙之间所夹成的角度正好是 120°，形成一个完美的几何图形。

有人认为，一开始蜜蜂把蜂窝做成了圆筒形状，因为蜜蜂要做成很多的圆筒，当这么多圆筒相互之间受到了来自前后左右的压力时，圆筒形就变成了六角形。从物理中力学的观点来看，六角形的结构的确比圆筒形的结构稳定。这种观点好像十分有道理。可是你再仔细观察蜂窝的形状，便会发现蜂窝的六角形都是连成一片的，蜜蜂从一开始便建了六角形的蜂窝，而不是先做成圆筒形的。

蜂窝的六角形到底有什么好处呢？18 世纪初期，法国的马拉尔奇量出了蜂窝的六棱柱尖底的菱形的角，发现了一个很有趣的规律，那便是每个菱形的钝角都为 109°28′（读作 109 度 28 分），但锐角都为 70°32′。难道说这里面还有什么奥秘吗？

聪明的法国物理学家列奥缪拉想到：制造蜂窝的材料全是蜜蜂身上所分泌出来的蜂蜡，蜂蜡不仅耐热，而且非常结实。蜜蜂为了能多分泌蜂蜡要吃很多蜂蜜才行，那样一点一滴地建造蜂窝是十分不容易的。是不是由于蜜蜂为了节省它们的蜂蜡，还要保证蜂房的空间够大，才把蜂窝做成了六角形的形状呢？这的确是一个好想法！他请教了巴黎科学院的一位瑞士数学家克尼格，克尼格计算出的结果证明了他的猜测，可是遗憾的是计算出来的角度为 109°26′与 70°34′，和蜂窝的测量值仅差 2′。直到 1743 年，苏格兰的一位数学家马克罗林再次重新计算，结果竟和蜂窝的角度完全一致。原来，克尼格所使用的对数表上的资料是印错了的。

其实早在公元 4 世纪古希腊数学家贝波司就提出，蜂窝的优美形状，是自然界最有效、最经济建筑的代表。他猜想，人们所见到的、截面呈六边形的蜂窝，是蜜蜂采用最少量的蜂蜡建造成的。他的这一猜想被称为“蜂窝猜想”，直到 1999 年才被美国数学家黑尔证实。

由此看来，蜜蜂不愧是宇宙间最令人敬佩的建筑专家。它们凭借着上帝所赐的天赋，采用“经济原理”——用最少材料（蜂蜡），建造最大的空间（蜂房）——来建造蜜蜂的家。

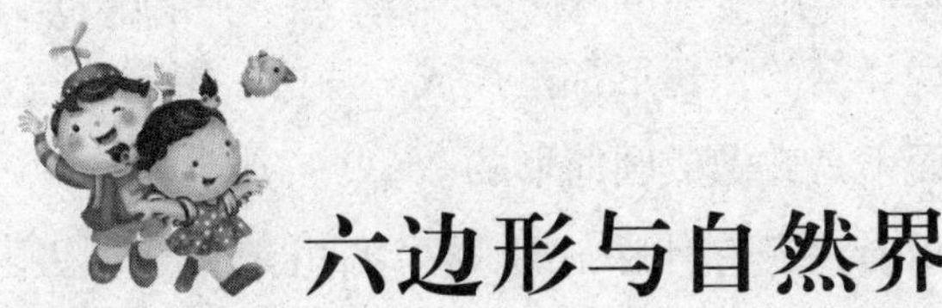

六边形与自然界

在自然界中，除了蜂窝、龟壳外，我们在许多事物中都能发现六边形的身影，比如雪花、皲裂的土地、坚硬的岩石，等等。那么六边形究竟有什么特点使得自然界对它如此青睐呢?

据科学家们研究发现，自然对象的形成和生长受到周围空间和材料的影响。我们知道，正六边形是能够不重叠地铺满一个平面的三种正多边形之一。

在这三种正多边形（正三角形、正方形和正六边形）中，正六边形以最小量的材料占有最大面积（如图 1 所示）。正六边形的另一特点是它有 6 条对称轴（如图 2 所示），因此它可以经过各式各样的旋转而不改变形状。

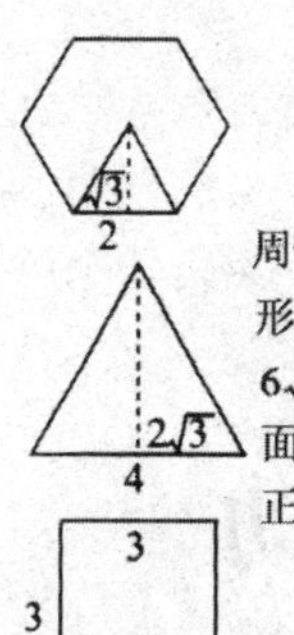

假设可用12单位的周长构成这三个正多边形。六边形的面积将是$6\sqrt{3}\approx10.4$。三角形的面积将是$4\sqrt{3}\approx6.9$。正方形的面积是9。

图 1

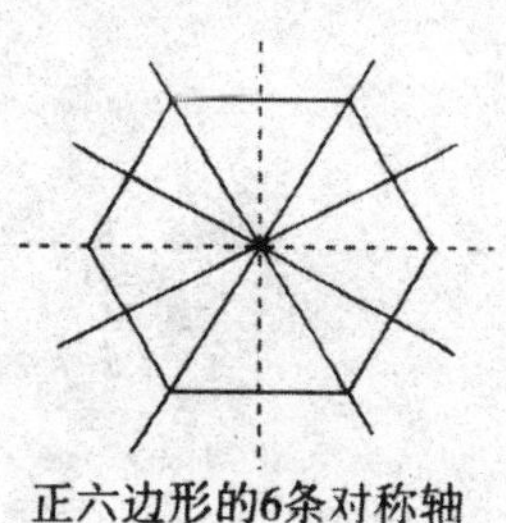

正六边形的6条对称轴

图 2

能用最小表面积包围最大容积的球也与六边形相联系。当一些球互相挨着被放入一个箱子中时（如图 3 所示），每一个被围的球与另外 6 个球相切。当我们在这些球之间画出一些经过切点的线段时，外切于球的图形就是一个正六边形。把这些球想象成肥皂泡，就可以对一群肥皂泡聚拢时为什么以三重联结的形式相接，作出一个简单的解释。

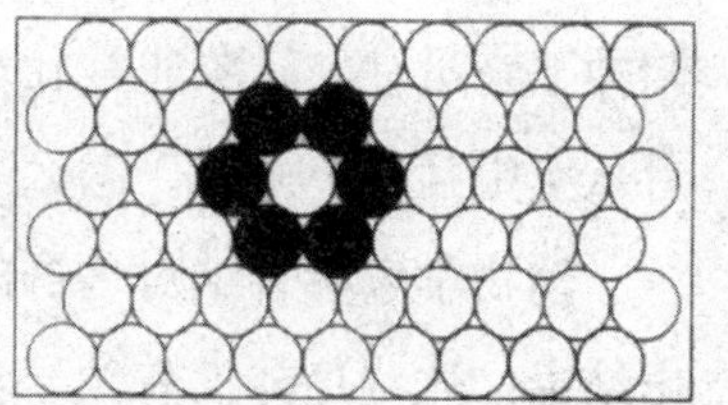

图 3

那么什么是三重联结呢？三重联结是三个线段的交会点，交点处的三个角都是 120°。而 120°恰恰是一个正六边形的内角大小。

许多自然事件是由于边界或空间利用率所引起的一些限制而产生的。三重联结是某些自然事件所趋向的一个平衡点，常见于肥皂泡群、地面或石块的裂缝、玉米棒子上谷粒的构成、香蕉的内部果肉，等等。

鸟群的混沌运动

我们常常在《人与自然》或者《动物世界》的节目中看到一群飞鸟在天空中飞翔，从一个地方转向另一个地方，然后在温暖的海域大片俯冲下来觅食，景象非常壮观。也许你不禁会问：当它们在空中飞行或者从空中猛扑下来时，怎么不会相互碰撞？难道这也与数学有关吗？

动物学家赫普纳对鸟群的运动方式进行了艰苦的摄影和研究后，得出结论：这些鸟并没有领导者在引路。它们在动态平衡的状态中飞行，鸟群前缘中的鸟以简短的间隔不断地更替着。

在接触混沌理论和计算机之前，赫普纳无法解释鸟群的运动。利用混沌理论的概念，他设计出了一种模拟鸟群的可能运动的计算机程序，并确定了以鸟类行为为基础的 4 条简单规则：（1）鸟类或被吸引到一个焦点，或栖息；（2）鸟类互相吸引；（3）鸟类希望维持定速；（4）飞行路线因阵风等随机事件而改变。并用三角形代表鸟，变动每条规则的强度，可使三角形群以人们熟悉的方式在计算机监视器上飞过。赫普纳并不认为他的程序一定说明了鸟群的飞行形式，但是它的确对鸟群运动的方式和原因提出了一种可能的解释。

分形——自然界的几何

欧几里得的《几何原本》自公元前3世纪诞生以来直到18世纪末，在几何学领域一直是一统天下，被人们奉为圭臬与经典，但不足的是它研究的仅仅是用圆规与直尺画出的直线、圆、正方体等规则的几何形体。这类形体是光滑的，具有特征长度的，在自然界确实也有非常多的欧几里得几何对象的例子。然而在我们生存的空间，还大量存在着另一类不规则的结构与现象，如云彩不是球体，山脉不是圆锥，海岸也不是折线……这些不规则图形是不可能用传统的欧氏几何来准确描述的。那么对于这些看似无规律的图形和现象，我们又该用什么数学工具来进行描述呢?

科学家经过研究发现，用几何分形可以描述蕨类植物或者雪花等对象，而随机分形则可由计算机生成，用来描述熔岩流和山脉。有了分形，我们的几何学就可以描述不断变化的宇宙了。那么什么是分形呢?

分形（fractal）是曼德尔布罗特由拉丁语形容词“fractus”创造出来的一个新词，至今尚无一个科学的定义。一般来说，分形是具有如下性质的集合:

1. 具有精细结构，即在任意小的比例尺度内包含着整体。

2. 不规则，不能用传统的几何语言来描述。

3. 通常具有某种自相似性，或许是近似的或许是统计意义上的。

4. 在某种方式下定义的“分维数”，通常大于其拓扑维数。

5. 定义常常是非常简单的，或许是递归的。

我们发现，不论是自然界中的个体分形形态，还是数学方法产生的分形图案，都有无穷嵌套、细分再细分的自相似的几何结构。换句话说，谈到分形，我们事实上是开始了一个动态过程。从这个意义上讲，分形反映了结构的进化和生长过程。它刻画的不仅仅是静止不变的形态，更重要的是进化的动力学机制。就如生长中的植物，不断生长出新枝、新根。同样，山脉的几何学形状是以往造山运动、侵蚀等过程自然形成的，现在和今后还会不断变化着。

植物王国的“数学家”

伽利略说：“大自然这本书是用数学语言来书写的。”当你去郊外郊游，或是去植物园参观时，你有没有观察过向日葵种子的排列方式呢？雏菊的花朵排列有什么规律可循吗？还有我们熟知的仙人掌，常吃的菠萝、菜花，它们为什么是那样的形状，你思考过吗？

植物王国里充满着数学概念的实例。科学家们为了力求阐释和理解事物是如何形成的，就去寻找能被测量和分类的模式和相似性质。这是数学之所以被用来解释自然现象的原因。

面对着异彩纷呈的自然界，大多数人并没有注意到要用大量的计算和数学工作去解释某些对自然界来说是很平常的事物。其实在自然界，植物的生长常常呈现出某种数学规律。

经科学家们研究发现，向日葵种子的排列方式就是一种典型的数学模式。

仔细观察向日葵花盘，你就会发现两组螺旋线，一组按顺时针方向盘旋，另一组则按逆时针方向盘旋，并且彼此相嵌。虽然在不同的向日葵品种中，种子顺、逆时针方向和螺旋线的数量会有所不同，但都不会超出 34 和 55、55 和 89、89 和 144 这三组数字。

植物学家发现，在自然界中，这两种螺旋结构只会以某些“神奇”的组合同时出现。比如，21 个顺时针、34 个逆时针；或者 34 个顺时针、55 个逆时针。有意思的是，这些数字属于一个特定的数列——“斐波那契数列”，即 1，2，3，5，8，13，21，34 等，每个数都是前面两数之和。不仅葵花子的排列是这样，雏菊、梨树抽出的新枝、松果、蔷薇花、蓟叶等都遵循着这一自然法则。

如果你仔细地观察一下雏菊，你会发现雏菊小菊花花盘的涡形排列中，也有类似的数学模式，只不过数字略小一些而已，向右转的有 21 条，向左转的有 34 条。雏菊花冠排列的螺旋花序中，小花互以 137°30′ 的夹角排列，这个精巧的角度可以确保雏菊茎秆上每一枚花瓣都能接收最大量的阳光照射。

在仙人掌的结构中也有斐波那契数列的特征。研究人员分析了仙人掌的形状、叶片厚度和一系列控制仙人掌情况的各种因素，发现仙人掌的斐波那契数列结构特征能让仙人掌最大限度地减少能量消耗，从而帮助其适应干旱沙漠的生长环境。

除此之外，研究人员还发现：

菠萝果实上的菱形鳞片，一行行排列起来，8 行向左倾斜，13 行向右倾斜。

挪威云杉的球果在一个方向上有3行鳞片，在另一个方向上有5行鳞片。

美国松的松果鳞片在两个方向上各排成3行和5行。常见的落叶松是一种针叶树，其松果上的鳞片则在两个方向上各排成5行和8行。

……

斐波那契数列在自然界有着相当广泛的应用。科学家们发现，一些植物不仅是花瓣、叶片，甚至是萼片、果实的数目以及排列的方式都符合斐波那契数列。例如，蓟的头部有两种不同方向的螺旋，按顺时针方向旋转的（和左边那条旋转方向相同）螺旋一共有13条，若按逆时针方向旋转的则有21条。此外还有菊花、松果、菠萝等都是按这种方式生长的。

菠萝的表面，与松果的排列略有不同。菠萝的每个鳞片都是三组不同方向螺旋线的一部分。大多数的菠萝表面分别有5条、8条和13条螺线，这些螺线也称作“斜列线”。菠萝果实上的菱形鳞片，一行行排列起来，8行向左倾斜，13行向右倾斜。

很多植物从花到叶子再到种子都可以显现出对这些数字的偏好。松柏等球果类植物的种球生长很缓慢，在此类植物的果实上也常常可以看到螺旋形的排列。

蜘蛛的几何学

先来看一则谜语："小小诸葛亮，稳坐军中帐。摆下八卦阵，只等飞来将。"猜一种常见的小动物。

聪明的你一定很快就猜出来，谜底就是蜘蛛，因为后两句讲的正是蜘蛛结网捕虫的生动情形。

那么，你仔细观察过蜘蛛网吗？它是用什么工具编织出这么精致的网呢？

如果你细心观察，就会发现蜘蛛网并不是杂乱无章的，那些辐线排得很均匀，每对相邻的辐线的夹角都是相等的。虽然辐线的数目对不同的蜘蛛而言是各不相同的，可这个规律适用于各种蜘蛛。

先来看看蜘蛛是怎样织网的。首先，它用腿从吐丝器中抽出一些丝，把它固定在墙角的一侧或者树枝上。然后，再吐出一些丝，把整个网的轮廓勾勒出来，用一根特别的丝把这个轮廓固定住，为继续穿针引线搭好了脚手架。它每抽一根丝，便沿着脚手架，小心翼翼地向前走，走到中心时，把丝拉紧，多余的部分就让它聚到中心。从中心往边上爬的过程中，在合适的地方加几根辐线，为了保持蜘蛛网的平衡，再到对面去加几根对称的辐线。通常，不同种类的蜘蛛引出的辐线数目不相同。丝蛛最多，有 42 条；有带的蜘蛛次之，有 32 条；角蛛最少，但也达到 21 条。同一种蜘蛛一般不会改变辐线数。

这时，蜘蛛已经用辐线把圆周分成了几部分，相邻的辐线间的圆周角也是大体相同的。现在，整个蜘蛛网看起来就像是一些半径等分的圆周，画曲线的工作就要开始了。蜘蛛从中心开始，用一条极细的丝在那些半径上做出一条螺旋状的丝。这是一条辅助的丝。然后，它又从外圈盘旋着走向中心，同时在半径上安上最后成网的螺旋线。在这个过程中，它的脚就落在辅助线上，每到一处，就用脚把辅助线抓起来，聚成一个小球，放在半径上。这样半径上就有许多小球。从外面看上去，就是许多的小点。好了，一个完美的蜘蛛网就这样结成了。

让我们再来好好观察一下这个小精灵的杰作：从外圈走向中心的那根螺旋线，越接近中心，每周间的距离越密，直到中断。只有中心部分的辅助线一圈密似一圈，向中心绕去。这些小精灵所画出的曲线，在几何中称之为对数螺线。这种曲线在科学领域是非常著名的，它是一根无止境的螺线，永远向着极绕，越绕越靠近极，可是又永远不能到达极。即使用最精密的仪器，我们也看不到一根完全的对数螺线。这种图形只存在科学家的假想中，可令人惊讶的是小小的蜘蛛也知道这些，它就是依照这种曲线的法则来绕它网上的螺线的，而且做得相当精确。可见，蜘蛛是天生的“几何学家”。

这种螺旋线还有一个特点。如果你用一根有弹性的线绕成一个对数螺线的图形，再把这根线放开来，然后拉紧放开的那部分，那么线的运动的一端就会画成一个和原来的对数螺线完全相似的螺线，只是变换了一下位置而已。

动物皮毛上的斑纹的数学特征

在动物园或者电视上，我们常常看到许多身上有美丽斑点和条纹的动物，比如斑马、长颈鹿、猎豹、羚羊……它们身上的花纹千变万化，各具特色，可谓是大自然的杰作。

不过，在欣赏这些动物美丽斑点和条纹的同时，你是否想过这些看似复杂的条纹和斑点有一定规律可循？它们又能否用数学模型来呈现呢？

经科学家多年的研究，斑马、梅花鹿、猎豹等动物身上的花纹或者斑点虽然各不相同，但很可能有着相同的数学模型。

早在1952年，英国科学家阿兰·图灵就提出了将一种反应扩散方程组作为生物形态的基本化学反应模型。图灵发现，许多动物的斑纹中，存在着令人意想不到的一致性：所有斑纹都可以用同一类型的方程式来表示。这类方程被称作反应扩散方程，是在描述了当不同的化学物品放在一起产生的反应、扩散到表面的情况。

通常认为生物成长是一种复杂的化学反应过程，其中可能有几十上百甚至更多的化学物质参加反应。但是在生物体某一局部（如器官、组织甚至细胞）的反应，可能主要就是少数几种化学成分起着决定性的作用。

假设只有两种化学物质参加反应，它们做扩散然后相互反应，所以这个方程式就在描述这个化学物质怎么扩散、怎么反应。由于它是非线性的，所以数学家也没办法把它解出来。只有靠超级计算机一步步去制造，去把它解出来，算出每一个时间，这两种化学物质的浓度的分布是怎样的。最后当它到达稳定的时候，再把它的浓度分布画出来，呈现出最后的图案。

2006 年，台湾中兴大学的物理系教授廖思善、牛津大学数学系教授菲利普麦尼和中兴大学博士生刘瑞堂等人，利用图灵方程式，在计算机中仿真出美洲豹从小到大毛皮图案的变化，进一步证实了半个世纪前图灵提出的数学想法。

生物的演化可以用方程式来描述，这个发现震撼了科学界。换句话说，这项研究也从一定程度上说明，自然界的许多生物包括人类，其外在形态比如斑纹之所以能够世代相传，可能是来自数学定律，而非单纯的基因遗传。

蜜蜂的舞蹈

我们都知道，蜜蜂的社会是一个精确分工、资源共享和相互交流的高度结构化群体。负责觅食的工蜂成群结队地出去劳作，各司其职，井然有序。可是蜜蜂没有语言和文字，这么一个庞大的团队，靠什么来交流信息呢?

蜜蜂在采集蜂蜜前，先派出少数“侦察兵”去寻找开花泌蜜的植物群。当“侦察兵”发现花丛后，它得向群蜂报告花丛在何方、距离蜂巢有多远。不了解这些信息，群蜂是无法去采集的。于是，“侦察兵”就以“舞蹈”动作来表示食物所在的地方和与蜂巢之间的距离，并引导蜂群前去采集。

在中学所学的坐标系中，除了直角坐标系以外，还有一种极坐标系。那就是先在平面上确定一条射线 OX，这条线叫做极轴（如图4）。如果平面上一点 P 与 O 点连线 OP 与极轴 OX 的夹角为 θ，且 P 点到 O 点的距离为 r，那么我们就用（r，θ）来表示 P 点的极坐标。也就是说，只要知道某一个角度和距离，就可以确定某一点的位置。

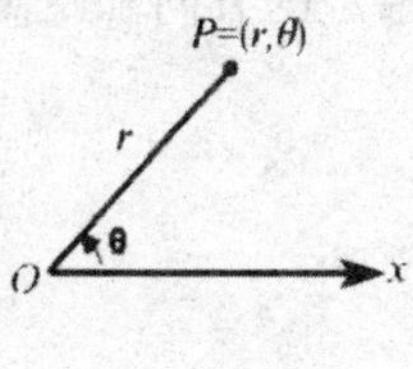

图4　极坐标

蜜蜂本能地运用了极坐标的原理，通过舞蹈的动作，巧妙地表达出花丛与蜂巢的距离和方位。蜜蜂跳的一种“8 字形舞”不仅表示距离，还指明方向。在一定时间内“8 字形舞”的圈数和腹部摆动的次数，就表示蜂巢到花丛的距离。如果以 15 秒钟作为计时单位，花丛距蜂巢越远，蜜蜂舞蹈时的圆圈数就越少，直线爬行的时间就比较长，腹部摆动的次数就比较多。表 1 是在 15 秒钟内蜜蜂舞蹈的圈数和腹部摆动的次数以及蜂巢与花丛的距离表：

表1　15 秒钟内蜜蜂舞蹈的圈数和腹部摆动的次数以及蜂巢与花丛的距离表

蜂巢与花丛的距离（M）	100	400	700
舞蹈的圈数	9—10	7—8	5—6
腹部摆动的次数	2—3	6—8	10—11

只知道距离是不够的。蜜蜂在舞蹈时还利用太阳的角度来指示方向。“太阳角”就是以蜂巢为角的顶点，它相当于极坐标中的 O 点；向太阳方向的射线相当于极轴 OX；向花丛方向的射线相当于 OP。这时太阳方向与花丛方向就构成一个角（相当于 θ），这个角就表示花丛的方向。如果蜜蜂在舞蹈时，头朝上，从下往上跑直线，就说明要向着太阳这个方向飞才能找到花丛，按照上述传递信息的方法，蜜蜂就可以根据指定的方向和距离，顺利地找到花丛了。

神奇的螺旋

你注意到吗？从银河系之外的宇宙到飓风，从爬藤植物的藤蔓到蓟、菠萝、松果的外皮，从鹦鹉螺壳上的花纹到向日葵的种子排列，从人体的细胞结构到菜花的花朵和果实，这些美丽的形状具有一种神秘的规律性，与周围杂乱无章的世界形成了鲜明的对比。这种我们熟悉的结构究竟包含着什么样的数学规律呢？

其实以上我们所提及的事物，它们都有一个共同的特点，就是都具有像螺蛳壳纹理那样的曲线，这种曲线叫做螺旋。

螺旋结构是自然界中最普遍的一种形状，DNA 以及许多其他在生物细胞中发现的微型结构都有这种构造。

然而，为什么大自然对这种结构如此偏爱呢？美国宾夕法尼亚州的物理学家，找到了这一问题的数学答案。

螺旋结构为何是现在这个样子？过去的回答是——由分子之间的引力决定的。但这只能解释螺旋结构是如何形成的，而不能说明为什么它们是那种形状。

宾夕法尼亚州大学的天文和物理学系教授兰德尔·卡缅指出，从本质上来看，螺旋结构是在一个拥挤的空间，比如一个细胞里，聚成一个非常长的分子的较佳方式，如 DNA。

在细胞的稠密环境中，长分子链经常采用很规则的螺旋状构造。这不仅让信息能够紧密地结合其中，而且可以形成一个表面，允许其他微粒在一定的间隔处与它相结合。例如，DNA 的双螺旋结构允许进行 DNA 转录和修复。

为了显示空间对螺旋形成的重要性，卡缅还建立了一个模型，把一个能随意变形、但不会断裂的管子，浸入由硬的球体组成的混合物中，就好比是一个存在于十分拥挤的细胞空间中的一个分子。通过观测，他发现对于这种短小易变形的管子而言，Ц 形结构的形成所需的空间最少，能量也最小。而螺旋当中的 Ц 形结构，在几何学上最近似于在自然界的螺旋中找到的该种结构。

看来，分子中的螺旋结构是自然界能够最好地使用手中材料的一个例子。DNA 由于受到细胞内的空间局限而采用双螺旋结构，就像是由于公寓空间局限而采用螺旋梯的设计一样。

萤火虫为什么会同步发光

1680 年，荷兰旅行家肯普弗在暹罗（即现在的泰国）旅行。他乘船在湄南河上顺流而下的时候发现了一个奇特的现象：一些明亮发光的昆虫飞到一棵树上，停在树枝上，有时候它们同时闪光，有时候又同时不闪光，无论闪光还是不闪光都很有规律，在时间上很准确。

其实，肯普弗所说的昆虫就是我们熟悉的萤火虫，在海上航行的船员在此之前也看到了他所说的现象。为什么萤火虫会那么有“默契”地同时发光和不发光呢？它们是怎样做到这一点的呢？

1935 年，美国生物学家史密斯在《科学》（*Science*）杂志上发表了一篇题为“萤火虫的同步闪光”的论文。在这篇论文中，史密斯对这一现象作了生动的描述：“想象一下，一棵 10—12 米高的树，每一片树叶上都有一个萤火虫，所有的萤火虫大约都以每 2 秒钟 3 次的频率同步闪光，这棵树在两次闪光之间漆黑一片。再想象一下，在 160 米的河岸两旁是不间断的杧果树，每一片树叶上的萤火虫，以及树列两端之间所有树上的萤火虫完全一致同步闪光。如果一个人有足够丰富的想象力的话，那么他就会对这一惊人奇观产生某种想法。”

这种闪光为什么会同步呢？

1990 年，米洛罗和施特盖茨两位数学家借助数学模型给出了一个解释。在这种模型中，每个萤火虫都和其他萤火虫相互作用。建模的主要思想是，把这些昆虫模拟成一群彼此靠视觉信号耦合的振荡器。每个萤火虫用来产生闪光的化学循环被表示成一个振荡器，萤火虫整体则表示成这种振荡器的网络——每个振荡器以完全相同的方式影响其他振荡器。这些振荡器是脉冲式耦合，即振荡器仅在产生闪光一瞬间对邻近振荡器产生影响。米洛罗和施特盖茨证明了，不管初始条件如何，所有振荡器最终都会变得同步。吸附概念是这个证明的基础。吸附使两个不同的振荡器“互锁”，并保持同向。由于耦合完全对称，一旦一群振荡器互锁，就不能解锁。

花朵的数学方程

春天的时候，花园里百花争妍，万紫千红，然而你是否发现，无论是花、叶和枝的分布都是十分对称、均衡和协调的：腊梅、碧桃，它们的花都以五瓣数组成对称的辐射图案。到了秋天，菠萝果实的分块、向日葵花盘上果实的排列以及冬小麦不断长出的分蘖，则以对称螺旋的形式在空间展开……许许多多的植物既表现出生物美，也表现出数学美。

数学家们很早就已经注意到某些植物的叶、花的形状与一些封闭曲线非常相似。

他们利用方程来描述花的外部轮廓，这些曲线被称为“玫瑰形线”。数学中有三叶玫瑰线［方程为 $\rho = A\sin(3\beta)$］、四叶玫瑰线［方程为$\rho = A\sin(2\beta)$］等曲线，这些曲线的极坐标方程也比较简单，基本形式均为：$\rho = A\sin(n\beta)$，即任意一点的极半径ρ是角度β的函数；其直角坐标方程为：$x = A\sin(n\beta)\cos(\beta)$，$y = A\sin(n\beta)\sin(\beta)$。

以下是科学家们经过研究得出的几种花朵的曲线方程。

茉莉花瓣的方程是：$x^3 + y^3 = 3axy$

三叶草的方程是：$\rho = 4(1 + \cos 3\varphi + 3\sin^2 3\varphi)$

向日葵线的方程是：

$\theta = 360t$

$r = 30 + 10\sin(30\theta)$

$z = 0$

美丽的“蝶恋花”方程曲线：

蝴蝶函数：$\rho = 0.2sin(3\theta) + sin(4\theta) + 2sin(5\theta) + 1.9sin(7\theta) - 0.2sin(9\theta) + sin(11\theta)$

花函数：$\rho = 3sin(3\theta) + 3.5cos(10\theta) cos(8\theta)$

动物世界里的“数学家”

为了生存的需要，不仅植物王国里有许多“数学高手”，在广阔的动物天地里也有不少才华横溢的“数学家”，它们为了适应自然环境，符合某种数学规律或者具有某种数学本能，它们的数学才华常常令科学家们惊叹不已。比如，老虎、狮子在漆黑的夜晚如何捕猎呢？猫在睡觉时为何要蜷缩成一团呢？蚂蚁如何搬动比它自身重好几倍的食物？桦树卷叶象虫是如何利用数学知识筑巢的呢？丹顶鹤为何要编队飞行呢？

老虎、狮子是夜行动物，到了晚上，光线很弱，但是它们仍然能外出活动捕猎。这是什么原因呢？原来动物眼球后面的视网膜是由圆柱形或圆锥形的细胞组成的。圆柱形细胞适合于在弱光下感觉物体，而圆锥形细胞则适合于在强光下的感觉物体。

在老虎、狮子这一类夜行动物的视网膜中，圆柱细胞占绝对优势，到了夜晚，它们的眼睛会瞪得最大，直径能达 3—4 厘米。所以，光线虽弱，但视物清晰。

冬天，猫在睡觉时，总是把自己的身子尽量缩成球状，为什么呢？原来数学中有这样一条原理：在同样体积的物体中，球的表面积最小。猫身体的体积是一定的，为了使在冬天睡觉时散失的热量最少，于是猫就巧妙地“运用”了这条几何原理。

蚂蚁是一种勤劳合群的昆虫。英国有个叫亨斯顿的人曾做过一个实验：把一只死蚱蜢切成 3 块，第二块是第一块的 2 倍，第三块是第二块的 2 倍，蚂蚁在组织劳动力搬运这些食物时，后一组均比前一组多 1 倍左右，似乎它们也懂得等比数列的规律。

桦树卷叶象虫能用桦树叶制成圆锥形的“产房”，它是这样咬破桦树叶的：雌象虫开始工作时，先爬到离叶柄不远的地方，用锐利的双颚咬透叶片，向后退去，咬出第一道弧形的裂口。然后爬到树叶的另一侧，咬出弯度小些的曲线。之后又回到开头的地方，把下面的一半叶子卷成很细的锥形圆筒，卷 5—7 圈。最后把另一半朝相反方向卷成锥形圆筒，这样，一个结实的“产房”就做成了。

丹顶鹤的队形也神奇莫测。丹顶鹤在迁徙时是结队飞行的，而且排成“人”字形。据观察，其“人”字形的角度永远保持在 110°，“人”字夹角的一半是54°44′8″，居然和金刚石结晶体的角度一样大。

雪花为何都是六角形的

我国北方的冬天，天寒地冻，常常会飘起鹅毛大雪，细心的同学们也一定发现了，虽然雪花有多种多样的形态，但每一片雪花都是六角形的。这是大自然呈现给我们的美丽，也是给我们出的一个课题：为什么雪花都是六角形的呢？怎么不是三角形、五角形或者其他任何形状呢？

解释这个问题不仅需要数学知识，还要涉及物理常识。雪花的形状，涉及水在大气中的结晶过程。大气中的水分子在冷却到冰点以下时，就开始凝结，而形成水的晶体，即冰晶。冰晶和其他晶体一样，其最基本的性质就是具有自己的规则的几何外形。冰晶属六方晶系，六方晶系具有 4 个结晶轴，其中 3 个辅轴在一个平面上，以 60°角相交；另一主轴与这 3 个辅轴组成的平面垂直。六方晶系的最典型形状是六棱柱体。但是，当结晶过程中主轴方向晶体发育很慢、而辅轴方向发育较快时，晶体就呈现出六边形片状。

大气中的水汽在结晶的过程中，往往是晶体在主晶轴方向生长速度慢，而 3 个辅轴方向则快得多，所以冰晶多为六边片状。当大气中的水汽十分丰富的时候，周围的水分子不断地向最初形成的晶片上结合，其中，雪片的 6 个顶角首当其冲，这样，顶角上会出现一些突出物和枝杈。这些枝杈增长到一定程度，又会分叉。次级分叉和母枝均保持 60°的角，这样，就形成了一朵六角星形的雪花。

树木年轮与地震年代测定

俗话说："十年树木，百年树人。"面对苍劲挺拔的树木，我们知道可以通过数树木横截面上的同心圆来判断它的年龄，但是你有没有想过，树木的年轮竟然与地震年代的测定有关呢?

树木年轮生长的宽窄和气温、降雨量等因素密切相关。一般来说，气温适宜，雨量充沛，树木生长就快，年轮就宽；反之树木生长就慢，年轮就窄。在局部地区生长的树木，如果受到地震、泥石流、滑坡等自然因素影响时，树木的年轮宽度也随之发生相应的变化。因此，可以根据树木的年轮来确定古代地震发生的时期。这样就可以研究地震的活动规律，从而预测预报地震等地质灾害，对保障人民生命财产安全和进行国民经济建设，具有重大意义。

有一种"最大树龄法"可以根据树木的年轮来确定古代地震发生的时期。生长在古地震断裂面上的树木，是在古地震断裂形成之后才开始生长发育起来的树木，这种树木的最大树龄就相当于古地震发生的年代。也可以通过以下数学公式来推算古地震发生的大致年代：$J=S/2\pi P$。其中，J 表示古地震形成距离现在的年数，P 为被测树木年轮的年平均生长宽度，S 为被测树木最大直径的树干基部的周长。

例如，1982 年，从我国西藏当雄北一带古地震断裂面上生长的香柏树中，取出其中的一棵，测得它的 $P=0.22$ 毫米，$S=80$ 厘米，则可算得 $J=S/2\pi P=800/2\times3.14\times0.22=579$（年）。据这个地区的史料的记载，在1411年前后确实发生过8级左右的强烈地震，两者非常吻合。

利用树木年轮研究，科学家不仅可以确定古地震发生的年代，还可以确定几十年、数百年甚至千年以上的古气候变迁。这种方法比运用其他方法更简便、经济和可靠。可以说，随着研究的深入，人类将从树木年轮中开发出更多的科学信息。

钢琴键盘上的数学

小明从小就喜欢音乐，所以爸爸在他7岁那年就给他报了钢琴兴趣班。小明一直坚持学习，转眼就学了7年多。

随着小明数学知识的丰富，身为大学数学老师的爸爸有意要考考儿子："小明，你从小就学习数学和钢琴，有没有发现钢琴键盘上也藏着数学知识呢?"小明被爸爸弄糊涂了："我只知道乐谱上的节拍是用分数表示的，简谱的书写用的是阿拉伯数字。可是这钢琴键盘和数学有什么关系呢?"爸爸有意引导儿子："你瞧，在钢琴的键盘上，从一个C键到下一个C键就是音乐中的一个八度音程，这个你肯定知道。其中共包括13个键，有8个白键和5个黑键，而5个黑键又分成两组，一组有2个黑键，一组有3个黑键，而2，3，5，8，13这一列数，难道你没有发现什么规律吗?"小明想了半天也没想出来。你知道这一列数有什么奇妙的规律吗？

只要仔细观察，你就会发现，钢琴键盘上的这一组数2，3，5，8，13是有规律可循的，这个数列从第三项开始，每一项都等于前两项之和。比如5=2+3，8=5+3……以此类推。千万别小看这个看似普通的数列，它可是大名鼎鼎的斐波那契数列中的前面几个数呢。这种数列的通项公式为：$F_n=\frac{\left(\frac{1+\sqrt{5}}{2}\right)^n-\left(\frac{1-\sqrt{5}}{2}\right)^n}{\sqrt{5}}$（又叫“比内公式”，是用无理数表示有理数的一个范例）。有趣的是，这样一个完全是自然数的数列，通项公式居然是用无理数来表示的。

音乐中的数学变换

我们在初中的时候学习过平移的概念，在平面内将一个图形沿某个方向移动一定的距离，这样的图形运动就叫做平移。其实在生活中平移的现象随处可见。如图5、图6。

图5　自动扶梯

图6　缆车

那么，既然数学中存在着平移变换，音乐中是否也存在着平移变换呢？

我们可以通过下图的两个音乐小节来寻找答案。如果我们把第一个小节中的音符平移到第二个小节中去，就出现了音乐中的平移，这实际上就是音乐中的反复。把图 7 的两个音节移到直角坐标系中，那么就表现为图 8。

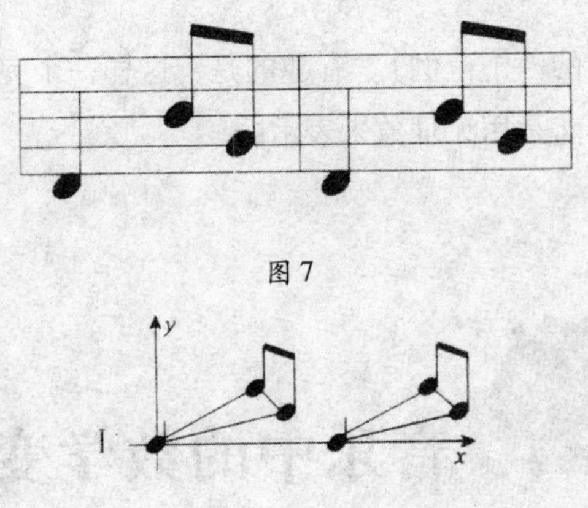

图 7

图 8

显然，这正是数学中的平移。我们知道作曲者创作音乐作品的目的是想淋漓尽致地表达自己内心的情感，可是内心情感的表达是通过整个乐曲来呈现的，并在主题处得到升华，而音乐的主题有时正是以某种形式反复出现的。比如，图 9 就是西方爵士乐圣者进行曲（When the Saints Go Marching In）的主题，显然，这首乐曲的主题就可以看作通过平移得到的。

图 9

如果我们把五线谱中的一条适当的横线作为时间轴（横轴 x），与时间轴垂直的直线作为音高轴（纵轴 y），那么我们就在五线谱中建立了"时间—音高"的平面直角坐标系。于是，图中一系列的反复或者平移，就可以用函数近似地表示出来，如图 10 所示，其中 x 是时间，y 是音高。当然我们也可以在"时间—音高"的平面直角坐标系中用函数把两个音节近似地表示出来。

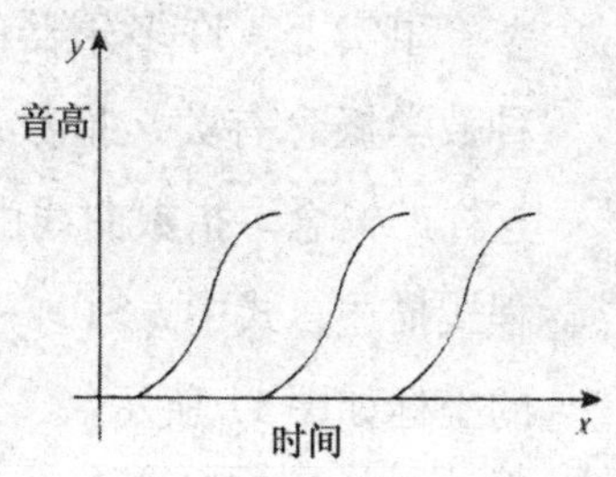

图 10

在这里我们不得不提及 19 世纪的一位著名的数学家，他就是约瑟夫·傅里叶（Joseph Fourier），正是他的努力使人们对乐声性质的认识达到了顶峰。他证明了所有的乐声，不管是器乐还是声乐，都可以用数学式来表达和描述，而且这些数学式是简单的周期正弦函数的和。

乐器的形状也和数学有关

小斌一家人都非常喜爱音乐，他们一家子在闲暇的时候常常会举行小型的家庭音乐会，爸爸演奏自己拿手的低音号，小斌则弹奏钢琴，妈妈虽然不会演奏乐器，可嗓子不错，不时地高歌一曲。星期六的晚上，小斌和爸爸练习完乐器以后，爸爸向他提出了一个有关乐器的问题："你想过没有，为什么你的钢琴和我的低音号的形状和结构有那么大的区别呢?"这个问题还真难倒了小斌，他从来就没有想过这个问题。不过这个问题里包含的数学知识对于刚上初中一年级的小斌来说确实有点难度。

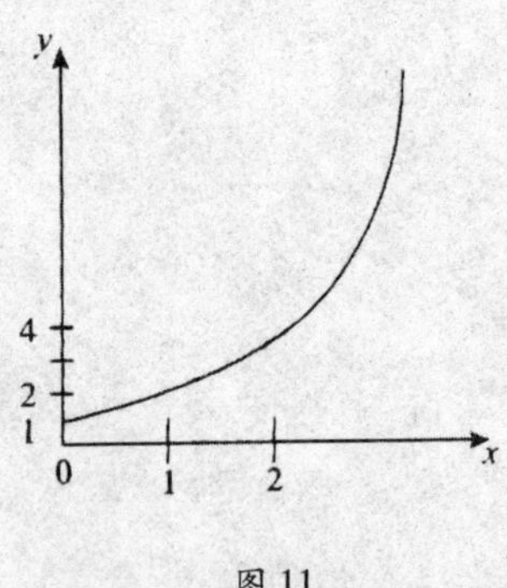

图 11

事实上，许多乐器的形状和结构都与各种数学概念有关，指数函数和指数曲线就是这样的概念。指数曲线由具有 $y = kx$ 形式的方程式描述，式中 $k > 0$。一个例子是 $y = 2x$，它的坐标如图 11 所示。

音乐的器械，无论是管乐还是弦乐，在它们的结构中都反映出指数曲线的形状。

前文提过，法国数学家傅立叶证明了所有的乐声——不管是器乐还是声乐——都能用数学表达式来描述，它们是一些简单的正弦周期函数的和。每种声音都有三种品质，即音调、音量和音色，并以此与其他的乐声相区别。

傅立叶的发现，使人们可以将声音的这三种品质通过图解加以描述并区分。音调与曲线的频率有关，音量与曲线的振幅有关，而音色则与周期函数的形状有关。

为什么有的人五音不全

随着人们生活水平的日益提高，卡拉 OK 越来越受到大家的欢迎。当然，这些业余歌手的水平也是参差不齐，有人唱得悦耳动听，有人却唱得像鬼哭狼嚎，甚至是“噪音污染”，他们自己也常常自嘲是“五音不全”。那么为什么不同的人唱歌会有如此大的差别呢？其中的原因和数学有关系吗？

从物理学的角度讲，声音可分为乐音和噪音两种。表现在听觉上，有的声音很悦耳，有的却很难听甚至让人烦躁。

声源体发生振动会引起四周空气振荡，这种振荡就像是波。声以波的形式传播着，我们把它叫做声波。

最简单的声波是正弦波。正弦（sin）这个词，实际上是源自拉丁文的 sinus，意思是“海湾”。正弦曲线就很像海岸上的海湾。它也是最简单的波动形式。优质的音叉振动发出声音的时候产生的就是正弦声波，而许多乐器发出的波形是很复杂的，但是正弦波仍然是最基本的。法国数学家傅立叶有一个重大发现：几乎任何波形，不管其形状多么不规则，全都是不同正弦波的组合与叠加。

当物体以某一固定频率振动时，耳朵听到的是具有单一音调的声音，这种以单一频率振动的声音叫做纯音。但是，物体通常产生的振动实际上是很复杂的，它是由各种不同频率的许多简谐振动所组成的，其中最低的频率叫做基音，比基音高的各频率叫做泛音。如果各次泛音的频率是基音频率的整数倍，那么这种泛音称为谐音。如果基音和各次谐音组成的复合声音听起来很和谐悦耳，那么这种声音就是乐音。这些声音随时间变化的波形是有规律的，凡是有规律振动产生的声音就叫乐音。

如果物体的复杂振动由许许多多频率组成，而各频率之间彼此不成简单的整数比，这样的声音听起来既不悦耳也不和谐，就容易让人产生烦躁的情绪。这种频率和强度都不同的各种声音杂乱地组合而产生的声音就是我们通常所说的噪音。各种机器噪音之间的差异就在于它所包含的频率成分和其相应的强度分布都不相同，因而使噪音具有各种不同的种类和性质。这就从一定程度上解释了为什么有些人唱卡拉 OK 会如此让人难以忍受了。

大自然音乐中的数学

一年四季，昆虫的鸣叫此起彼伏。其中，蟋蟀的鸣叫最为熟悉，鸣声也多种多样。我国自古就有“蟋蟀上房叫，庄稼挨水泡”等谚语，以此作为人们识别天气、安排农事的有利依据。难道在蟋蟀歌声的背后还有着我们不曾了解的数学秘密吗？

其实，蟋蟀唱歌的频率可以用来计算温度。因为，随着温度的升高，雄性蟋蟀鸣叫的频率会随之加快。通过计算蟋蟀鸣叫的频率次数，特别是一种名叫雪白树蟋的蟋蟀（英文名叫作 Snowy Tree Cricket，拉丁文的学名叫做 Oecanthus Fultoni，在我国又被称为玉竹蛉）的鸣叫次数，就能换算出大致的温度，我们就以这种树蟋为例来说明怎么计算：

·首先得找到这样的一只树蟋

·14 秒钟为一个间隔，计算蟋蟀鸣叫的次数

·所得的次数加上 38

·这就是目前的温度（华氏 F）

华氏（F）温度和摄氏（C）温度的换算公式为：

$5(F-50°)=9(C-10°)$。式中 F 代表华氏温度，C 代表摄氏温度。

这一现象最早是美国物理学家和发明家 Amos Dolbear 于 1897 年发现的。那一年，他发表了一篇名叫“The Cricket as a Thermometer”（作为温度计的蟋蟀）的文章。在文中，他总结出温度和蟋蟀鸣叫次数之间关系的 Dolbear 定律（这里 N 代表每分钟蟋蟀鸣叫的次数）：

计算华氏温度的公式

$$T_F=50+\frac{\left(\frac{N-40}{4}\right)}{4}$$

计算摄氏温度的公式：

$$T_C=10+\frac{\left(\frac{N-40}{4}\right)}{7}$$

这一温度计算公式，只在华氏 45°（摄氏 7.22°）以上时才起作用。低于这个温度，蟋蟀就开始变得行动迟缓。如果温度过高，超过华氏 90°（摄氏 32.22°），蟋蟀就会大幅度地减少鸣叫的次数以节省能量。

古琴音乐中的几何学

古琴，又称七弦琴、瑶琴、玉琴，是中国最古老的弹拨乐器之一。它是在孔子时期就已盛行的乐器，距今已有3000余年，不曾中断，20世纪初才被称作“古琴”，如今我们常在古装片中见到它的身影。在中国古代社会漫长的历史阶段中，“琴、棋、书、画”历来被视为文人雅士修身养性的必由之路。古琴因其淡、雅、清、和的音乐品格寄寓了文人凌风傲骨、超凡脱俗的处世心态，而在音乐、棋术、书法、绘画中居于首位。这样一件产生于史前，而且几乎完整不变地流传至今的乐器究竟与数学又有着怎样千丝万缕的联系呢？

众所周知，无论古今，不分地域，任何地方只要有人，就会有音乐，这就说明音乐必定有着某种属性，是一种与时空无关的非民族性的属性，即音乐的自然属性。可这种自然属性究竟是什么呢？怎样才能将它表示出来呢？分形几何为这一问题的解答提供了一种可能。

分形几何的概念是由曼德尔布罗特（B. B. Mandelbrot）在20世纪70年代提出来的。它的主要思想是说，在不规则现象表面所呈现的杂乱无章的背后仍存在着规律，这个规律就是在放大过程中所呈现出的自相似性。

什么是自相似呢？打个比方说，一棵参天大树与它自身上的树枝及树枝上的枝杈，在形状上没什么大的区别，大树与树枝这种关系在几何形状上称之为自相似关系。那么对于古琴这样一件产生于史前，而且几乎完整不变地流传至今的乐器，它奏出的旋律是否也存在分形的规律呢？

据科学家研究，为了研究音乐的分形几何，首先必须把它加以量化，因此撇开音乐的社会学定义不说，现在我们从数学上给它下一个定义：音乐是具有不同音高（频率）的音的一种有序排列。既然如此，那么这种有序的数学表达是什么？随意地敲击琴键不会产生音乐，不同音的有序排列组成了旋律，这种排列是分形的吗？如果确实如此，那么在一首音乐作品中两相邻音之间的音程 i 与其出现的概率 F 应满足下述关系：

$F = C/iD$ 或 $\log F = C' - D\log i$

即音程 i 的对数与其出现概率 F 的对数之间存在线性关系，也就是说以 $\log F$ 和 $\log i$ 为纵、横坐标作图，则各点均应在同一直线上。其中 D 为该作品的分形维数（分维），C 为比例系数，$C' = \log C$。

我们使用这一方案对我国古琴音乐也来进行分析。

首先选取《古逸丛书》中管平湖打谱的《幽兰》进行分析。对该曲中音程 i 及其出现概率 F 的统计结果如表 2：

表 2　《幽兰》中音程之及其出现概率 F

音程数 i	0	1	2	3	4	5	6	7	8	9	10	11	12	>12	总数
出现次数	166	48	393	105	32	26	10	29	5	3	5	2	66	29	919
出现概率 F%	18.06	5.22	42.78	11.43	3.48	2.83	1.09	3.16	0.544	0.326	0.544	0.218	7.18	3.16	100

将音程 i 及其出现概率 F 分别取对数对应作图可以看到，在区间 $2 \leqslant i \leqslant 11$，存在分形关系：

$F = 3.80/i3.15$

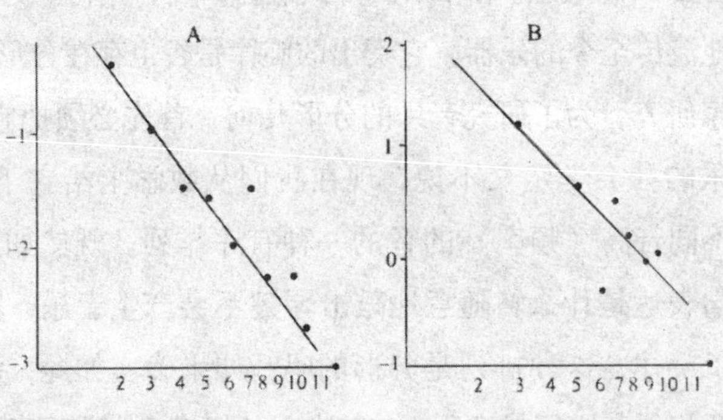

图 12

为了更深入地理解这一问题，有关学者对大量的古琴曲进行了统计分析，结果表明，绝大多数的乐曲中均存在着分形关系。特别是古琴曲《阳春》和《华胥引》，它们有一个共同的特征就是分形关系中的比例系数 C = 1（即分形关系线延长与纵轴相交于 O 点），这与莫扎特的 F 大调《奏鸣曲》及 A 大调《奏鸣曲》完全一样。一般认为，莫扎特的这两首曲子有着图画般的绚丽，而古琴曲《阳春》和《华胥引》也是音画交融，美妙无比。

点的艺术

喜欢美术的朋友，尤其对印象派有着浓厚兴趣的读者应该不会对下面这幅油画感到陌生。没错，这幅让人迷醉的画就是法国新印象派主义画派的代表画家修拉的代表作——《大碗岛上的星期日下午》。1886年，当这幅画在最后一次印象派画展上展出时，引起了轰动。

《大碗岛上的星期日下午》描绘的是巴黎西北方塞纳河中奥尼埃的大碗岛上一个晴朗的日子里，游人们聚集在阳光下的河滨的树林间休息。有的散步，有的斜卧在草地上，有的在河边垂钓……前景上一大片暗绿色调表示阴影，中间夹着黄色调子的亮部，显示出午后的强烈阳光，草地为草绿色。画面上都是斑斑点点的色彩，太阳照射的地方有着强烈的闪光。整幅画有着一种在强烈阳光下睁不开眼睛的感觉，那些投射在草地上的阴影，又陡增了人物和树木的立体感。人的形象好像剪影，看不清形象和表情。画面像是布满了纯色小点的碎裂面，但退远而观，这些小点却好像融汇出一片图景，创造出一种未曾有过的美丽色彩和令人迷醉的朦胧感。那么这样一幅美轮美奂的图画中又蕴含着怎样的数学原理呢？

19世纪80年代中期，当印象主义在法国画坛方兴未艾之际，又派生出了一个新的艺术流派——新印象主义。

新印象主义利用光学科学的实验原理来指导艺术实践。自然科学的成果证明，在光的照耀下一切物体的色彩是分割的。他们认为印象主义表现光色效果的方法还不够“科学”，主张不要在调色板上调和颜料，而应该在画布上把原色排列或交错在一起，让观众的眼睛进行视觉混合，然后获得一种新的色彩感受。画面上的形象由若干色点组成，好似缤纷的镶嵌画，所以该画派又被称为“点彩派”。由于它的理论是色彩分割原理，所以也叫“分割主义”艺术。

《大碗岛上的星期日下午》采用的正是这种画法。仔细看，画面是由一些竖直线和水平线组成，且它们不是连续线条，而是由许多小圆点组成的，整个画面也是由小圆点组成的，但看起来井井有条，整体感很强烈，显得特别宁静。

修拉是根据自己的理论来从事创作的，他力求使画面构图合乎几何学原理，他根据黄金分割法则，将画面中物象的比例，物象和画面大小、形状的关系，垂直线与水平线的平衡，人物角度的配置等，制定出一种全新的构图类型。注重艺术形象静态的特性及体积感，建立了画面的造型秩序。

画中的人物都是按远近透视法安排的，并以数学计算式的精确，递减人物的大小和在深度中进行重复来构成画面，画中领着孩子的妇女正好被置于画面的几何中心点。画面上有大块对比强烈的明暗部分，每一部分都是由上千个并列的互补色小笔触色点组成，使得我们的眼睛从前景转向觉得很美的背景，整个画面在色彩的量感中取得了均衡和统一。

在这幅画里，修拉还使用了垂直线和水平线的几何分割关系和色彩分割关系，描绘出盛夏烈日下有 40 个人在大碗岛游玩的情景，画面充满一种神奇的空气感，人物只有体积感而无个性和生命感，彼此之间具有神秘莫测的隔绝的特点。

修拉的这幅画预示了塞尚的艺术以及后来的立体主义、抽象主义和超现实主义的问世，使他成为现代艺术的先驱者之一。

透视在美术中的运用

让我们来看两幅画：一幅是中世纪的油画（图 13），笔法幼稚，明显没有远近空间的感觉，有点像幼儿园孩子的作品；另一幅是文艺复兴时代的油画（图 14），同样有船、人，但是远近分明，立体感很强。

图 13

图 14

为什么会有如此鲜明的对比和本质的变化呢？这中间究竟有什么不同？

很简单，数学！这期间数学进入了绘画艺术。中世纪宗教绘画具有象征性和超现实性，而到文艺复兴时期，描绘现实世界成为画家们的重要目标。怎样在平面画布上真实地表现三维世界的事物，是这个时期艺术家们的基本课题。粗略地讲，远小近大会给人以立体感，但远小到什么程度，近大又有什么标准？这里有严格的数学道理。

文艺复兴时期的数学家和画家们进行了很好的合作，或者说这个时期的画家和数学家常常是一身兼两任，他们探讨了这方面的道理。

图 15 为 15 世纪德国数学家、画家丢勒著作中的插图，图中一位画家正在通过格子板用丢勒的透视方法为模特画像，创立了一门学问——透视学，同时将透视学应用于绘画而创作出了一幅又一幅著名的作品。

我们不妨再欣赏一幅：达·芬奇的《最后的晚餐》。达·芬奇一生创作了很多精美的透视学作品。这位真正富有科学思想和绝伦技术的天才，对每幅作品都进行过大量的精密研究。他最优秀的杰作都是透视学的最好典范。《最后的晚餐》捕绘出了真情实感，一眼看去，与真实生活一样。观众似乎感觉到达·芬奇就在画中的某间房子里。墙、楼板和

图 15

天花板上后退的光线不仅清晰地衬托出了景深，而且经仔细选择的光线集中在基督头上，从而使人们将注意力集中于基督。12 个门徒分成 3 组，每组 4 人，对称地分布在基督的两侧。基督本人被画成一个等边三角形，这样的描绘是为了表达基督的情感和思考，并且身体处于一种平衡状态。草图中给出了原画及它的数学结构图。

再看另外一幅，拉斐尔的《雅典学派》。这幅画是拉斐尔根据自己的想象艺术地再现了古希腊时期数学和学术的繁荣，是透视原理与透视美的典范之作。由这些画可以看出从中世纪到文艺复兴期间绘画艺术的变革，可以说是自觉地应用数学的过程。

美术中的平移和对称

如图 16，团花是中国剪纸艺术中最悠久、运用率最广泛的一种形式。新疆古墓中出土的南北朝时期的五幅我国最早的剪纸实物，就是团花造型。团花用途广泛，年节的窗花、婚礼的喜花、贺礼的礼花，甚至现代舞台装饰中都有它的身影。

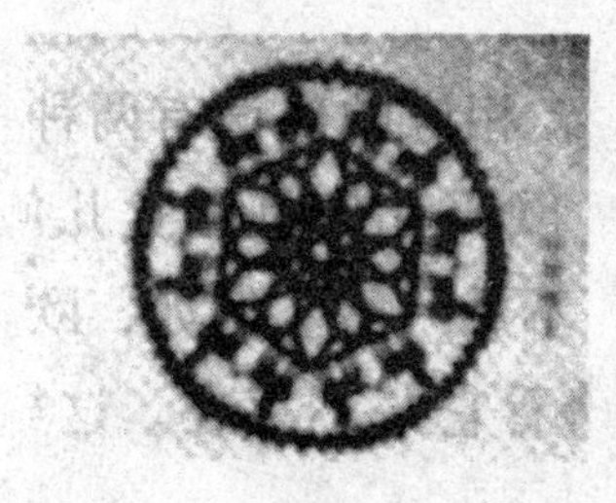
团花

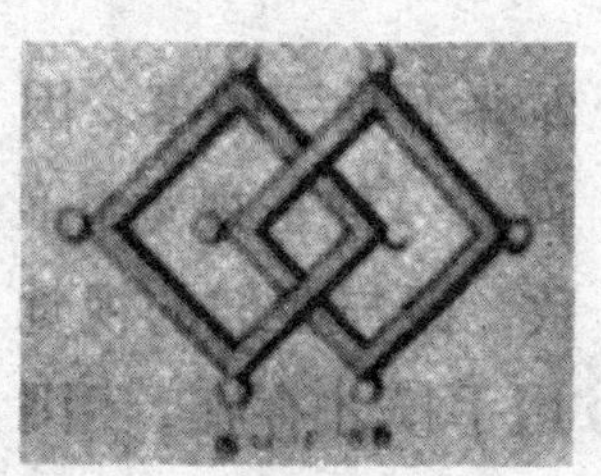
方胜

脸谱

图 16

而另一幅图中以两个菱形叠压相交而成的图形叫做方胜，是古代妇女的一种发饰，因为两相叠压，所以被赋予了连绵不断的吉祥寓意。此外还有我们喜爱的京剧脸谱。仔细观察这几幅图，它们有什么数学上的性质呢？

把平面上（或者空间里）每一个点按照同一个方向移动相同的距离，叫做平面（或者空间）的一个平移。对称分为轴对称、中心对称、平移对称、旋转对称和滑移对称。如果两个图形沿着一条直线对折，两侧的图形能完全重合，那么这两个图形关于这条直线轴对称。中心对称是指两个图形绕某一个点旋转 180°后，能够完全重合，称这两个图形关于该点对称，该点称为对称中心。如果将某个图形绕一个定点旋转定角以后，仍与原图形重合，那么这个图形是旋转对称，定点叫做旋转中心。其中平移对称图案指一个单元图案沿直线平行移动产生的，滑移 = 平移 × 轴对称。

只要稍加留意，就不难发现团花是轴对称图形也是旋转对称图形（旋转 60°）。方胜则是轴对称和中心对称图形。

对称，作为美的艺术标准，超越了时代和地域。从中国古代敦煌壁画到荷兰现代画家埃舍尔的作品，都是完美的对称杰作。

凡·高画作中的数学公式

先让我们来欣赏后期印象派代表人物——荷兰画家凡·高的两幅作品《星空》和《麦田上的乌鸦》图17。

从这两幅高度抽象的作品中，我们可以发现一些旋涡式的图案。一直以来人们把这些旋涡看成凡·高的一种艺术表现形式，但来自墨西哥的物理学家乔斯·阿拉贡对此却给出了不同的看法。他认为，这些旋涡背后暗藏着一些复杂的数学和物理学公式。

湍流问题曾被称为“经典物理学最后的疑团”，科学家们一直试图用精确的数学模型来描述湍流现象，但至今仍然没有人能够彻底解决。20世纪40年代，苏联数学家柯尔莫哥洛夫提出了“柯尔莫哥洛夫微尺度”公式。借助这个公式，物理学家可以预测流体任意两点之间在速率和方向上的关系。

而来自墨西哥国立自治大学的物理学家乔斯·阿拉贡经过研究发现，在凡·高的《星空》、《星星下有柏树的路》、《麦田上的乌鸦》这些画作里出现的旋涡正好精确地反映出了这个公式。阿拉贡认为《星空》和凡·高其他充满激情的作品是他在精神极不稳定的状态下完成的，这些作品恰好体现了湍流现象的本质。

事实上，创作《星空》的时候，凡·高正在法国南部的圣雷米精

《星空》

《麦田上的乌鸦》

图 17

神病院接受治疗。当时的他已经陷入癫痫病带来的内心狂乱状态，时而清醒，时而混乱。阿拉贡相信，正是凡·高的幻觉让他得以洞察旋涡的原理。对于发病产生的那些幻觉，凡·高曾把它描述成“内心的风暴”，而他的医生则把它称为“视觉和听觉剧烈的狂热幻想”。

而一旦凡·高恢复平静，他便失去这种描绘湍流的能力。1888 年年底，他在与好友高更吵了一架后竟然割掉了自己的一只耳朵。在入院接受治疗期间，他因为服用了镇定药物而使内心变得非常平静。他在这期间创作的作品便找不到旋涡的影子。

对于凡·高在画作里表现的物理现象，哈佛大学的神经病学教授史蒂文·沙克特表示，凡·高很有可能是受了癫痫症的影响，因为有人会在发病时产生新的、异常的意识，他的感觉和认知都会变得很不正常，有时还会有灵魂出窍的经历。

虽然在画作里出现过旋涡的画家不止凡·高一人，比如表现主义画家爱德华·蒙克的名作《呐喊》里也充满了旋涡，但是阿拉贡通过研究发现其他画家笔下的旋涡都无法像凡·高笔下的画那样精确地反映数学公式。

黄金分割在美术中的运用

先让我们欣赏两幅名画：一幅是 19 世纪法国画家米勒的《拾穗者》，一幅是意大利文艺复兴时期画家波提切利的名画《维纳斯的诞生》(见图 18)。

在《拾穗者》中，米勒采用横向构图描绘了三个正弯着腰、低着头，在收割过的麦田里拾剩落的麦穗的妇女形象，她们穿着粗布衣裙和沉重的旧鞋子，在她们身后是一望无际的麦田、天空和隐约可见的劳动场面。罗曼·罗兰曾评论说："米勒画中的三位农妇是法国的三位女神。"

波提切利的代表作《维纳斯的诞生》则表现了女神维纳斯从爱琴海中浮水而出，风神、花神迎送于左右的情景。此画中的维纳斯形象，虽然仿效于希腊古典雕像，但风格全属创新，强调了秀美和清纯，同时也更具含蓄之美。

《拾穗者》

《维纳斯的诞生》

图 18

可能很多人都是从艺术鉴赏的角度来欣赏这两幅举世闻名的画作，其实，这两幅画作的画面能够这样美，不但因为作者有高超的绘画技巧和坚实的生活基础，而且更重要的是由于画中隐藏着黄金比。

在美学与建筑学上，长、宽之比约为 1.618 的矩形被认为是最和谐、最漂亮的一种造型。

那么什么是黄金矩形呢？如图 19 的矩形分割，如果满足 $x : y = (x+y) : x$ 的条件，那么，这个矩形就叫做黄金矩形。如果设 $x=1$，解上述的比例式，可得 $y=0.618$，这就是黄金比例。黄金比例普遍存在于自然界中，以人体来说，如果下半身长度（脚底到肚脐）占身高的 $1/1.618=0.618$，则是最完美的身材。

如果用 E 来分割线段 AB，使较长线段 AE 与较短线段 BE 之比和整个线段 AB 与 AE 之比相等，那么就得到一个黄金比。现代数学家们用 $f:1$ 来表示 $AE : BE$；这个的意义是“切割”，可算出来的值为

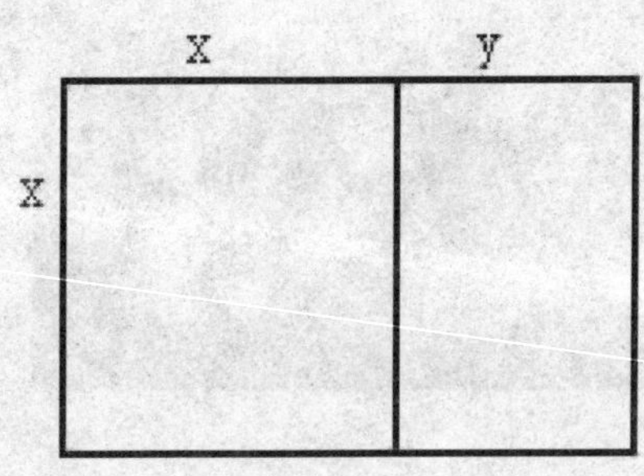

图 19

1.618034……传统上表示黄金分割的三个几何图形是：线段的黄金分割、矩形的黄金分割和正五边形的黄金分割。

古希腊的巴特农神殿和文艺复兴时期巨匠达·芬奇自画像都出现过这种造型。

而波提切利的《维纳斯的诞生》在构图上也使用了黄金分割率，维纳斯站于整幅画的左右黄金分割线的左边一侧。据后人研究分析，在整幅作品中，至少有 7 个黄金分割。

拱——曲线数学

在河北省石家庄东南约 40 千米的赵县城南 2.5 千米处，坐落着一座闻名中外的石桥——赵州桥。它横跨洨水南北两岸，修建于隋朝大业元年至十一年（605—616 年），由匠师李春监造。因桥体全部用石料建成，俗称“大石桥”。

赵州桥结构新奇，造型美观，全长 50.82 米，宽 9.6 米，跨度为

37.37 米，是一座由 28 道独立拱券组成的单孔弧形大桥。在大桥洞顶左右两边的拱肩里，各砌有两个圆形小拱。虽然赵州桥距今已有 1300 多年的历史，但仍屹立不倒。这和其设计建造时采用具有美丽数学曲线的拱是分不开的。

早在 1300 多年前，我国劳动人民就想到了把赵州桥筑成拱桥，这是中国古代劳动人民的智慧和才干的充分体现。

第一，采用圆弧拱形式，改变了我国大石桥多为半圆形拱的传统。我国古代石桥拱形大多为半圆形，因为这种形式比较优美、完整，但也存在两方面的缺陷：一是交通不便，半圆形桥拱用于跨度比较小的桥梁合适，而大跨度的桥梁如果也选用半圆形拱，就会使拱顶很高，造成桥高坡陡、车马行人过桥非常不便；二是施工不利，半圆形拱桥砌石用的脚手架就会很高，增加施工的危险性。为此，赵州桥的设计者李春和工匠们一起创造性地采用了圆弧拱形式，使石拱高度大大降低。赵州桥的主孔净跨度为 37.02 米，而拱高只有 7.25 米，拱高和跨度之比为 1∶5 左右，这样就实现了低桥面和大跨度的双重目的，桥面过渡平稳，行人车辆都非常容易通过，而且还具有用料省、施工方便等优点。

第二，采用敞肩。这是李春对拱肩进行的重大改进，把以往桥梁建筑中采用的实肩拱改为敞肩拱，即在大拱两端再设两个小拱，靠近大拱脚的小拱净跨度为 3.8 米，另一拱的净跨度为 2.8 米。这种大拱加小拱的敞肩拱具有优异的技术性能，首先可以增加泄洪能力，减轻洪水季节由于水量增加而产生对桥的冲击力。每逢汛期，水势较大，对桥的泄洪能力是个考验，有了 4 个小拱就可以分担部分洪流，据计算 4 个小拱可增加过水面积 16% 左右，大大降低洪水对大桥的冲击力，提高大桥的安全性。其次，敞肩拱比实肩拱更节省土石材料，从而减轻桥身的自重，据计算 4 个小拱可以节省石料 26 立方米，相当于减轻重量 700 吨，从而减少桥身对桥台和桥基的垂直压力和水平推力，增加桥梁的稳固性。再次，使造型更优美，4 个小拱均衡对称，大拱与小拱构成一幅完整的图画，显得更加轻巧秀丽，体现了建筑和艺术的完美统一。最后，符合结构力学理论，敞肩拱式结构在承载时使桥梁处于有利的状况，能减少主拱圈的变形，提高了桥梁的承载力和稳定性。

最后还采用了单孔。我国古代的传统建筑方法，一般比较长的桥梁往往采用多孔形式，这样每孔的跨度小、坡度平缓，便于修建。但是多孔桥也有缺点，如桥墩多，既不利于船的航行，也对水宣泄不利；桥墩长期受水流冲击、侵蚀，天长日久也容易塌毁。因此，李春在设计大桥的时候，采取了单孔长跨的形式，不在河心立桥墩，使石拱跨径长达 37 米之多。这是我国桥梁史上的空前创举。

建筑物中的对称

先让我们欣赏两幅图片，相信大家对图 20 中的建筑不会陌生。

泰姬陵

天坛

图 20

这两座举世闻名的建筑虽然来自不同的国家，设计风格也迥然不同，但是细心的读者一定可以发现，它们都有一个共同的特点——对称。为什么建筑师们对对称如此青睐呢？在建筑中使用对称设计，除了美观之外还有别的什么好处吗？

其实，只要留心就会发现，我们学习过的对称无论在科学还是艺术中都扮演了极为重要的角色。

在建筑中最容易找到对称性的例子，其中也不乏具有相当艺术价值的经典建筑，如德国的科隆大教堂、印度的泰姬陵和中国的天坛。从功能的角度来说，对称性的建筑通常具有较高的稳定性，在建造的时候也更容易实现。左右对称的建筑，在视觉上会给人以稳定的印象。

泰姬陵通体用白色大理石雕刻砌成，在主殿四角，是四根圆柱形的高塔。这四根高塔的特别之处，在于都是向外倾斜 12°。这种布局，使主殿不再是孤单的结构，烘托出了安详、静谧的气氛。

对称性可分为分立对称性和连续对称性。对称操作是有限个的对称属于分立对称。比如对于镜面对称，只包含保持对象不变和镜面翻转两种操作。这两种操作的任意组合后的结果仍然是这两种操作中的某一种。泰姬陵就是典型的分立对称。连续对称性用简单的例子就可以说明。比如说，在纸上画一个圆，对这个圆相对圆心做任意小角度的旋转，这个圆保持不变，这就是连续对称性。北京的天坛就是连续对称的范例。

天坛的建筑体现了中国传统文化中天圆地方的思想。天坛祈年殿的建筑充分体现了“天圆”的和谐构思。此殿有 3 层圆顶，表示“天有三阶”，采用深蓝色的琉璃瓦与蓝天相配，显得既融洽又美观。祈年殿建在有 3 层汉白玉石圆栏杆的祈年坛上，殿的基础还有 3 层不明显的台阶，因此共有 9 个按同一对称轴线上下排列的同心圆。此建筑还有正方形的围墙，代表“地‘方’”。整个建筑具有中华古典文化的特色，给人以无穷遐想。

类似的，建筑的连续对称性除了具有美学价值的同时，在多数情况下，其广泛应用还是基于连续对称性所带来的实用价值。圆形的结构也具有较高的稳定性，此外，使用同量的材料，圆形的结构具有最大的容量，这也是很多仓库建成圆柱形的原因。

建筑物中的几何型

图 21 中的两座建筑一古一今，一座是历史悠久的埃及金字塔，一座是奥运场馆水立方。它们的外形带有鲜明的“几何”印记，金字塔无疑是四面体或四棱锥的最纯粹表现，而“水立方”则体现了基本几何体——长方体建筑的设计思想。为什么这两座差距几千年的著名建筑都选择用几何体来表现呢？几何和建筑之间究竟有着怎样的渊源呢？

金字塔

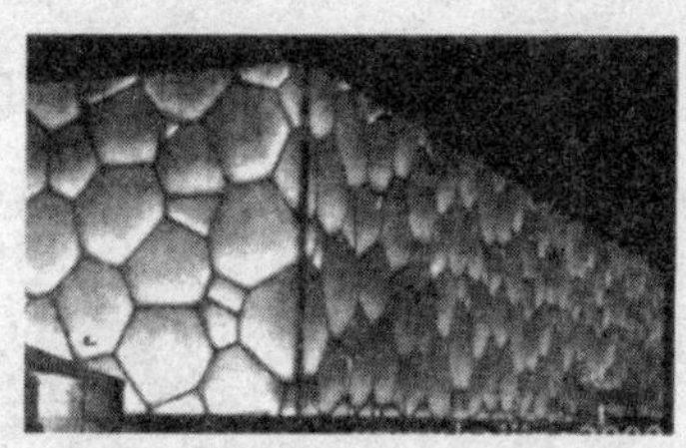

水立方

图 21

众所周知，金字塔是古代埃及人民智慧的结晶，是古代埃及文明的重要象征。散布在尼罗河下游西岸的金字塔大约共有80座，它们是古代埃及法老（国王）的陵墓。埃及人称其为“庇里穆斯”，意思是“高”。从四面望去，它都是下大上小的等腰三角形，很像中文的“金”字，所以，人们就形象地叫它“金字塔”。

19世纪的考古学家们一致认为，金字塔能在如此巨大的尺度下做到精确的正四棱锥，充分展示了古埃及人的几何能力。而其中的大金字塔各部位的尺寸也都含有重大的意义。

例如大金字塔的斜面面积，和将高度当作一边的正方形的面积几乎一致。

测量大金字塔的三角面的高度，和底边周围的长度之间的比率，就出现了接近圆周率的值。也就是说如果画一个以高度为半径的圆，则其圆周就等于4个底边的长度。

又如，如果用底边的1/2除大金字塔的斜面长度（斜边距离）的话，就会出现1.618的黄金比率分割。自古希腊以来，黄金分割就被视为最美丽的几何学比率，而广泛地用于神殿和雕刻中。但在比古希腊还早2000年以上所建的大金字塔，它就已被充分地采用了。

以上只不过是少数几则例子，因为大金字塔的神秘数字还不止于此，许多学者都致力于寻找金字塔的几何学特性，相信在不久的将来会有更多令人兴奋的新发现。

日本著名的建筑大师安藤忠雄曾说：“建筑的本质是空间的构建和场所的确立，而并不是简单的陈述形式，人类在其全部发展历史中运用几何性满足了这样的要求，它是与自然相对的理性象征。即几何学是表现建筑和人的意志的印记，而不是自然的产物。”2008年的奥运场馆之一——“水立方”，就是这样一座“表现人类意志印记”的建筑。“水立方”的最初设想是要体现“水的主题”。外籍设计师最初提供的是一

个波浪形状的建筑方案，三位中方设计师以东方人特有的视角和思维提出了基本几何体——长方体建筑的设计思想，在他们看来，东方人更愿意以一种含蓄、平静的方式来表达对水的理解——“水，不一定都是波浪，也可以是方的。”中方设计师的“方盒子”造型得到了外籍设计师的认可。在此基础上，外籍设计师们又创造性地为这个方盒子加入了不规则的钢结构和“水分子”膜结构创意。最终，“水立方”以基本几何体作为基准，在几何体基础上加以不规则的钢结构和膜结构，最终体现出简单、纯净的风格。

凯旋门与立交桥

在现代化的城市中，为了减少交通事故，节省时间，到处可以见到立交桥。

我们常常看到在有纵横两个方向的十字路口，需要建成 2 层的立交桥。那么，如果 3 条马路相互交叉，或者说从马路交叉中心向 6 个方向有着马路的情况，那应该是几层立交桥呢？假如从某个中心向外辐射 10 条马路，要建多少层的立交桥呢？法国巴黎的凯旋门，就向四周辐射出了 10 条马路，它是采用什么形式的立交桥呢？

一般来说，2 条马路交叉需要建 2 层的立交桥，3 条马路交叉需要 3 层的立交桥，以此类推，四周辐射 10 条马路，即 5 条马路交叉就应该建5层的立交桥。但是凯旋门并没有建那种多层的立交桥，而是采用中心的环行马路沟通10条马路，各条马路来的汽车都要汇集在中心地带的环行马路，统一按逆时针行车，然后驶向各自的方向。因此，一般多条马路汇集在一起，利用环行马路是比较实际的简单办法。

怎样找出观赏展品的最佳位置

小明周末和爸爸一起去博物馆看画展。当进入博物馆的展览厅时，爸爸向他提出了两个问题：你是否留意分隔观赏者和展品的围栏所放的位置？相对于你的身高而言，你认为分割观赏者和展品的围栏所放置的位置合适吗？爸爸的这两个问题可难倒了小明。虽然他常常和爸爸来博物馆观看展览，但是几乎不曾留意分隔展品和观众的围栏，也不曾想过围栏的位置是否合适。但是，你知道一个小小的围栏放置的位置究竟包含着哪些数学知识吗？

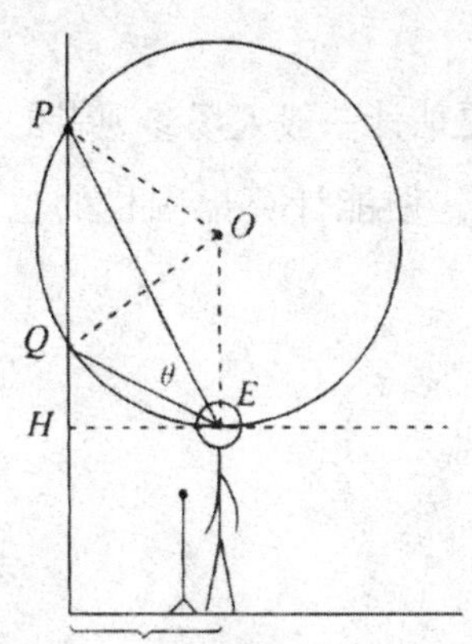

图 22

我们要找出围栏摆放的适当位置，首先须知道对于一般高度的参观者来说，何处才是最佳观赏位置。在图22中，最佳的位置就是当展品的最高点 P 和最低点 Q 与观赏者的眼 E 所形成的视角 θ 为最大。

为了找出最大视角 θ 的位置，做圆（O 为圆心）通过 P 和 Q，与水平线 HE 相切于 E 点。根据圆形的特性，同弧上的圆周角会较其他圆外角为大（$\theta>0$）。因此，当眼睛处于 E 点时，观赏的视觉最大。

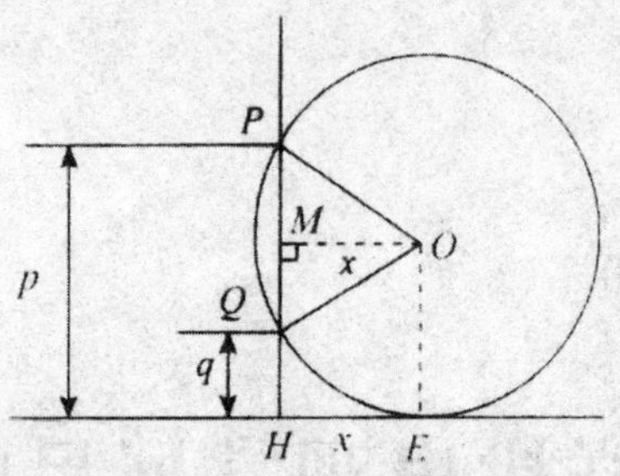

图 23

在图 23 中，设 x 为观赏者离开展品的水平距离；而 p 和 q 分别是展品的最高点和最低点与观赏者高度的差距。

在 $\triangle OMQ$，$OM=x$，$OQ=OE=QM+q$，$QM=\dfrac{p-q}{2}$。

利用勾股定理，$OQ^2=OM^2+QM^2$，$OM=\sqrt{OQ^2-QM^2}$，化简后得 $x=\sqrt{pq}$。

在考虑展览厅内摆设围栏的位置时，只需要估计一般入场参观者的高度，而又知道展品本身的长度和安放的高度，便能计算出围栏的位置，以方便进场的人找个理想的观赏位置。

井盖为什么都是圆的

小丽坐着妈妈的车子去上课外辅导班，突然天上乌云密布，转眼间，天"哗哗"地下起了倾盆大雨，一会儿路上就积满了雨水。她们在雨中飞快地行驶，雨水在车轮下滚动着、跳跃着，欢快地流向圆圆的阴井盖。

就在这时，小丽发现了一个有趣的现象：马路上的阴井盖几乎都是圆的。可这是为什么呢？如果做成其他形状的，比如正方形、长方形不好吗？到了目的地，小丽还在思考这个问题，并向妈妈请教。"盖子下面是什么？盖子下面的洞是圆的，盖子当然是圆的了！"妈妈这样回答小丽。可是真的像小丽的妈妈说的那样吗？

实际上，阴井盖之所以做成圆的，是因为只要盖子的直径稍微大于井口的直径，那么盖子无论何种情形被颠起来，再掉下去的时候，它都是掉不到井里的。可是如果阴井盖做成正方形或者长方形，会出现什么情况呢？假设一个快速飞来的汽车冲击阴井盖，将其撞到空中。盖子掉下来的时候，很可能沿着最大尺度的对角线掉到井中！因为正方形的对角线是边长的 1.41 倍，长方形的对角线也大于任一边的边长，只有圆，直径是相同的。圆形的盖子是无论如何都掉不进去的。再比如，有一天晚上，一个人不小心把盖子踢起来，井口开了，人也掉进去了，再加上盖子也跟着掉下去，那还了得，不仅脚下有臭气熏天的污水，再来个当头一盖，岂不是雪上加霜！

连接圆周上任意一点到圆心的线段，叫做半径。它的长度就是画圆时，圆规两脚之间的距离。同样的半径、边长求面积的时候，圆的面积最小，最省材料，所以将井盖做成圆形也是为国家节省材料。

除此之外，盖子下面的洞是圆的，圆形的检查井比较便于人下去，在挖井的时候也比较容易，下水道的出孔要留出足够一个人通过的空间，而一个顺着梯子爬下去的人的横截面基本是圆的，所以圆形自然而然地成为下水道出入孔的形状。圆形的井盖只是为了覆盖圆形的洞口。另外圆柱形能更多地承受周围土地和水的压力。

汽车前灯里的数学

小明上完补习课后，天已经黑了。按照约好的时间，他站在路边等待爸爸来接他回家。不一会儿，他便看见爸爸的车从远处开了过来。就在这时，细心的小明突然发现一个奇怪的现象：当爸爸把汽车的前灯开关由亮变暗的刹那，光线竟然不是像他想象的那样，是平行射出的，而是发散的。这究竟是怎么一回事呢？

随着经济水平的日益提高，不少家庭都购买了私家车，以方便出行。没想到就在这小小的汽车前灯里也包含着数学原理。具体地说，就是抛物线原理。

只要你留心就会发现，汽车前灯后面的反射镜呈抛物线的形状。事实上，它们是抛物面（抛物线环绕它的对称轴旋转形成的三维空间中的曲面）。明亮的光束是由位于抛物线反射镜焦点上的光源产生的。

因此，光线沿着与抛物线的对称轴平行的方向射出。光线变暗，是因为光源改变了位置。它不再在焦点上，结果光线的行进不与轴平行。现在近光只向上下射出。向上射出的被屏蔽，所以只有向下射出的近光，射到比远光所射的距离短的地方。

下一个中奖的就是你吗

“下一个赢家就是你！”这句响亮且具有极大蛊惑性的话是英国彩票的广告词。买一张英国彩票的诱惑有多大呢？

只要你肯花上 1 英镑，就有可能获得 2200 万英镑！一点小小的花费竟然可能得到天文数字般的奖金，这没办法不让人动心。很多人都会想：也许真如广告所说，下一个赢家就是我呢！因此，自从 1994 年 9 月开始发行到现在，英国已有超过 90% 的成年人购买过这种彩票，并且也真的有数以百计的人因中奖而一夜之间成为百万富翁。

如今在世界各地都流行着类似的游戏，我国各省、市也发行了各种福利彩票、体育彩票，而报纸、电视上关于中大奖的幸运儿的报道也屡见不鲜，吸引了不计其数的人踊跃购买。只要花 2 元钱，就可以拥有这么一次中奖的机会，试一下自己的运气，有谁会不愿意呢？但你有没有想过买一张彩票中头等奖的概率近乎是零。这是为什么呢？

让我们以英国的彩票为例来计算一下。英国的彩票规则是 49 选 6，即在 1 至 49 这 49 个数字中选 6 个数字。买一张彩票，你只需要选 6 个数字、花 1 英镑而已。在每一轮中，有一个专门的摇奖机随机摇出 6 个标有数字的小球，如果 6 个小球的数字都被你选中了，你就获得了头等奖。可是，当我们计算一下在 49 个数字中随意组合其中 6 个数字的方法有多少种时，就会吓一大跳：从 49 个数中选 6 个数的组合有 13983816 种方法！

这就是说，假如你只买了一张彩票，6 个号码全对的机会是大约 1400 万分之一，这个数小得微乎其微，大约相当于澳大利亚的任何一个普通人当上总统的概率。如果每星期你买 50 张彩票，你赢得一次大奖大约需要 5000 年；即使每星期买 1000 张彩票，也大致需要 270 年才有一次 6 个号码全对的机会。这几乎是单个人力不可为的，获奖是可遇不可求的偶然事件。

那么为什么总是有人能成为幸运儿呢？这是因为参与的人数是极其巨大的，人们总是抱着撞大运的心理去参加。殊不知，彩民们就在这样的幻想中为彩票公司奉献了巨额的财富。一般情况下，彩票发行者只拿出回收的全部彩金的 45% 作为奖金返还，这意味着无论奖金的比例如何分配，无论彩票的销售总量多少，彩民平均付出的 1 元钱只能赢得 0.45 元的回报。从这个意义上说，这种游戏是绝对不划算的。所以说广告中宣传的中大奖是一个机会近乎零的“白日梦”！

揭开扑克牌中的秘密

在公园或路旁，经常会看到这样的游戏：摊贩前画有一个圆圈，周围摆满了奖品，有钟表、玩具、小梳子等，然后，摊贩拿出一副扑克让游戏者随意摸出两张，并说好向哪个方向转，将两张扑克的数字相加（J、Q、K、A 分别为 11、12、13、1），得到几就从几开始按照预先说好的方向转几步，转到数字几，数字几前的奖品就归游戏者，唯有转到一个位置（如图 24），游戏者必须交 2 元钱，其余的位置都不需要交钱。

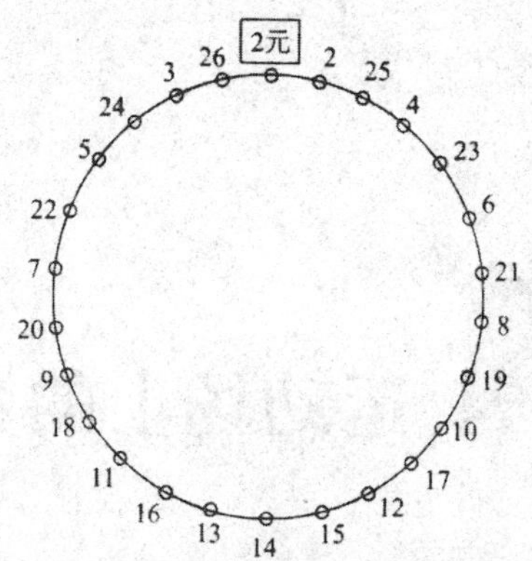

图 24

很多人心想，真是太便宜了，不用花钱也可以玩游戏，而且得奖品的可能性“非常大”，交2元钱的可能性“非常小”。但是，事实并非如此，通过观察你就可以发现，凡参与游戏的人不是转到2元钱就是转到一些廉价小物品旁，而钟表、玩具等贵重物品就没有一个人转到过。这是怎么回事呢？难道是其中有“诈”？

其实这就是个骗人的把戏。通过图24可以看到：由圆圈上的任何一个数字或者左转或者右转，到2元钱位置的距离恰好是这个数字。因此，摸到的扑克数字之和无论是多少，也不论左转还是右转必定有一个可能转到2元钱位置。即使转不到2元钱，也只能转到奇数位置，绝不会转到偶数位置，因为如果是奇数，从这个数字开始转，相当于增加了“偶数”，奇数+偶数=奇数；如果是偶数，从这个数字开始转，相当于增加了“奇数”，偶数+奇数=奇数。再仔细观察你就会注意，所有贵重的奖品都在偶数字前，而奇数字前只有梳子、小尺子等不值钱的小物品。由于无论怎么转也不会转到偶数字，参与游戏的人也就不可能得贵重奖品了。

而对于小摊贩来说，参与者花2元钱与得到小物品的可能性都是一样的，都是1/2。所以相当于小摊贩将每件小物品用2元钱的价格卖出去。

运动场上的数学

一年一度的运动会马上就要开始了，同学们跃跃欲试，纷纷在课余时间锻炼身体，想在赛场上一显身手。但在一天的数学课堂里，大家却被老师的一个问题问得哑口无言：田径场上为什么会有不同的起跑线？而起跑线的差距又有什么数学关系呢？

标准田径场由两条直段跑道和两个半圆形的跑道所组成。由于在弯道上比赛，越外圈的跑道（一般设有4—8条）越长。所以为了公平起见，不同的跑道就需要设置不同的起跑线。

至于老师问的第二个相关的问题：起跑线的差距有何数学关系？则可首先从扇形的不同弧长说起。

如图，设 o 为圆，弧长 s 的半径为 r，

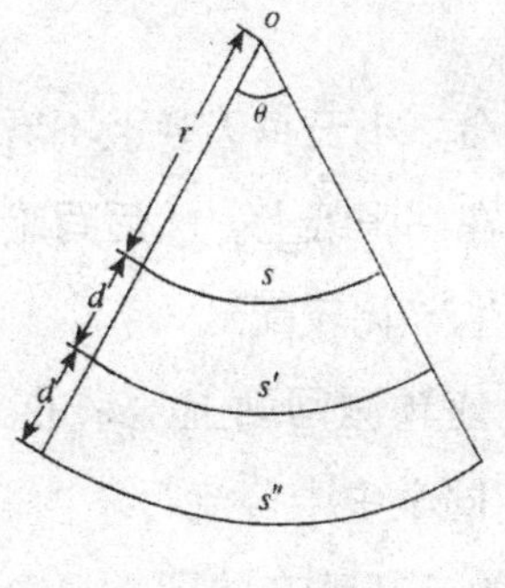

图 25

弧长 s' 的半径为 $(r+d)$，

弧长 s'' 的半径为 $(r+2d)$。

则 $s=r\theta$

$s'=(r+d)\ \theta=s+\theta\times d$

而 $s''=s+2\theta\times d=s'+\theta\times d$

$\therefore s'-s=\theta\times d$；$s''-s=\theta\times 2d$；$s''-s'=\theta\times d$

若 $d=1$，$s'-s=s''-s'=\theta$

由此得知：$\{s,\ s',\ s''\}$ 乃一个等差级数，其公差为 θ。

基于把“公差”应用在不同弧长上的理解和根据标准田径场的量度资料，不难找出起跑线之间的差距。

电脑算命真的可信吗

刘先生发现自己上初二的女儿小云迷上了算命。小云每天晚上不看书，躲在自己的房间里，把班里同学的名字都写在一张纸上，然后写上星座、生肖、血型等信息，看哪个男生和哪个女生“比较配”。

经过询问，刘先生才知道这是女儿从一家星座预测网站上学来的。小云告诉爸爸，时下，这种“电脑算命”在她们同学中十分流行。“星座”、“血型”等词语常常被这些同龄人挂在嘴边。甚至有的同学还会说出“这次期末考试考得不好，是因为那天我没有学业运”，“我是金牛座的，以后要找个处女座的男生做老公，那样婚姻才会幸福”等的“惊人之语”。

一份以北京初、高中生为对象的调查报告显示：认为烧香求神有效的，100 个中学生里仅有 1 个；但相信“星座决定命运”的，100 个中学生中居然有 40 个。

同样是迷信思想，可是经过诸如星座、占卜等形式的“革新”，然后再用高科技的电脑一包装，就真的能决定人的命运吗？

电脑算命真的那么神乎其神吗？其实这充其量不过是一种电脑游戏而已。我们用数学上的抽屉原理就很容易说明它的荒谬性。

抽屉原理又称鸽笼原理或狄利克雷原理，它是数学中证明存在性的一种特殊方法。举个最简单的例子，把 3 个苹果以任意的方式放入 2 个抽屉中，那么一定得让一个抽屉里有 2 个或 2 个以上的苹果。这是因为如果每一个抽屉里最多放有一个苹果，那么 2 个抽屉里最多只放有 2 个苹果。运用同样的推理可以得到：

原理 1　把多于 n 个的物体放到 n 个抽屉里，则至少有一个抽屉里有 2 个或 2 个以上的物体。

原理 2　把多于 mn 个的物体放到 n 个抽屉里，则至少有一个抽屉里有 $m+1$ 个或多于 $m+1$ 个的物体。

现在我们再回到电脑算命中来，假如我们把人的寿命按 70 岁计算，那么人的出生的年、月、日以及性别的不同组合就有 $70\times2\times365=51100$ 种具体的情况，我们把这 51100 种具体的命运情况看做抽屉总数，同时假设我国的人口为 11 亿，我们把这 11 亿人口作为往抽屉里放的物体数，因为 $1.1\times10^9=21526\times51100+21400$，根据抽屉原理2，在 11 亿人口中至少有 21526 人尽管他们的性别、出身、资历、地位等各方面完全不同，但他们一定有相同的电脑里事先存储的“命运”，这就是电脑算命的真正原理。

其实在我国古代，就有人懂得用抽屉原理来揭露生辰八字之谬。如清代陈其元在《庸闲斋笔记》中就写道：“余最不信星命推步之说，以为一时（指一个时辰，合两小时）生一人，一日生十二人，以岁计之则有四千三百二十人，以一甲子（指六十年）计之，止有二十五万九千二百人而已，今只以一大郡计，其户口之数已不下数十万人（如咸丰十年杭州府一城八十万人），则举天下之大，自王公大人以至小民，何只亿万万人，则生时同者必不少矣。期间王公大人始生之时，必有庶民同时而生者，又何贵贱贫富之不同也?”在这里，一年按 360 日计算，一日又分为 12 个时辰，得到的抽屉数为 $60\times360\times12=259200$。

所以，所谓“电脑算命”不过是把人为编好的算命语句像中药那样事先分别一一存放在各自的中药柜子里，谁要算命，即根据出生的年、月、日及性别的不同组合按不同的编码机械地到电脑的各个“柜子”里取出所谓命运的句子罢了。这种在古代迷信的亡灵上罩上现代科学光环的勾当，是对科学的极大亵渎。

烤肉片里的学问

现代人注重生活品质，一到闲暇时往往会选择到户外郊游，亲近大自然，呼吸呼吸新鲜空气。烧烤渐渐成为很流行的一种休闲方式。

又到了秋高气爽、云淡风轻的季节，小华和爸爸妈妈一起来到郊外的一个知名度假村，享受悠闲的假日时光。

爸爸自告奋勇地充当起了烧烤师，他拿出自带的烧烤架忙活起来，小华和妈妈都有些等不及了：“什么时候才能烤好啊？”爸爸也很无奈：“这个烧烤架每次只能烤两串肉，一串肉要烤两面，而烤一面就得 10 分钟。我同时烤两串的话，得花 20 分钟才能烤完。要烤第三串的话还得花 20 分钟。所以三串肉全部烤完得需要 40 分钟。”

小华却不这么认为，他低着头想了一会儿就大声地对爸爸喊道：“你可以烤得更快些，爸爸，其实你用 30 分钟就可以烤完三串肉。”

啊哈！小华究竟想出了什么妙主意呢？你知道吗？

为了说明小华的想法，我们设要烤得三串肉分别为 A、B、C。每串肉的两面记为1、2。第一个10分钟先烤A1和B1。然后把B肉串先放到一边，再花10分钟烤A2和C1。此时肉串A可以烤完。再花10分钟烤B2和C2。这样一来，仅花30分钟就可以烤完三串肉了。小华的方法是不是很棒呢？我们在实际生活中是不是会经常碰到诸如此类的问题呢？那你有没有开动脑筋仔细想想呢？

其实这种简单的组合问题，属于现代数学中称为运筹学的分支。这门学科奇妙地向我们揭示了一个事实：如果有一系列操作，并希望在最短时间内完成，统筹安排这些操作的最佳方法并非马上就能一眼看出。初看是最佳的方法，实际上大有改进的余地。在上述问题中，关键在于烤完肉串的第一面后并不一定要马上去烤其反面。

提出诸如此类的简单问题，可以采用多种方式。例如，可以改变烤肉架所能容纳肉串的数量，或改变待烤肉串的数量，或两者都加以改变。另一种生成问题的方式是考虑物体不止有两个面，并且需要以某种方式把所有的面都照顾到。比如，某人接到一个任务，把“n”个立方体的每一面都涂抹上红色油漆，但每个步骤只能够做到把“k”个立方体的顶面涂色。

为什么我们总会遇到交通拥堵

小明每天都会坐爸爸的车去上学，他们几乎每天都是早上7:30出发，然后在路上花半个小时到学校。又是星期一，小明因为贪睡晚起了一会儿，于是他顾不上吃早餐就赶紧要爸爸送他去学校，即使是这样还是比平时晚了 5 分钟出门。7:35，他们出发了，没想到，这样一来，小明竟然比平时晚了半个小时才到学校。

小明在责怪自己贪睡的同时，想到一个问题：“为什么只是晚了 5 分钟出门，却在路上多花了半个小时的时间呢？”出现这种结果，当然与交通拥堵有关，但是它能用数学解释吗？

小明提出的这个问题实际上属于数学上一个有趣的部分，叫做“排队论”。小明居住在大城市——北京，他从家到学校有一套红绿灯系统。城市中的红绿灯通常设计得对交通状况很敏感。比如 30 秒钟内如果没有车通过红绿灯前面的传感器，信号灯就会变为红色。然而在上下班的高峰期，车辆不断通过传感器，信号灯就在会预编程序上保持绿色。在城市的主干道上，红绿灯序列恰好是 20 秒钟绿之后 40 秒钟红，一段绿灯时间足够让 10 辆车通过。这意味着平均每分钟有 10 辆车通过城市路上的交通信号灯。这就是红绿灯的“服务率”。

早晨的城市路上，大概是从 6 点开始稍稍有人，7 点变得人流较稳定，8 点上升为大量拥至，然后再减少，到 10 点车辆就更少了。只要进入城市路的车辆数（“到达率”）在每分钟 10 辆以下，同时车辆分布均匀，红绿灯就能应付。每分钟进入路上的车辆都能在单独一段绿灯时间内通过。尽管这套系统能应付每分钟 10 辆均匀分布的车，但只要驶来第 11 辆车，就开始堵车了。于是开始排成持久而增长的队，等候红绿灯的转换。

我们从上午 8 点开始，这时车还没有排成队，红绿灯转成红色了。

表3　8:00—8:20 红灯时车辆的排队长度

时间	下一分钟到达的车	1 分钟内经过红绿灯的车	1 分钟后红绿灯转成红色时的排队长度
8:00	11	10	1
8:01	11	10	2
8:02	11	10	3
8:03	11	10	4
⋮	11	10	⋮
8:20	11	10	21

如表 3，在 20 分钟内，排队的车达到 21 辆。实际上，情况比这更糟糕。首先，交通拥挤时间形成时，到达率愈来愈高，于是到了8:20，它可能上升到每分钟 20 辆车，而只有 10 辆通过红绿灯，因此就会出现一个问题：当排队长度变长时，可能开始会排到路上先前的一套红绿灯处，这意味着一些车辆也许甚至不能在先前的红绿灯显示绿色时通过那里。除此以外，再加上车辆到达时并非均匀分布而是呈会合状态的实际情况，就可以知道将要出现交通拥堵了。

如果红绿灯处排成队的车有 25 辆，而小明爸爸的车又恰恰是其中最后一辆，那么他不仅不能一直通过这红绿灯，而且还得等候红绿灯 2 次变换的持续时间，他这一批 10 辆车才能通过。如果红绿灯的变换只是每分钟一次，这意味着他在路上已经浪费至少 2 分钟。所以说小明虽然晚出门 5 分钟却晚到学校半小时，其根本原因在于红绿灯的服务率不够高，不能应付上班高峰时的特大交通量。

穿高跟鞋真的会变美吗

周末的时候，小红一家三口出去逛商场，妈妈一见到鞋店就流连忘返，说是要买一款新的高跟鞋。爸爸在旁边不停地抱怨："还买啊！家里都可以开鞋店了。"是啊，小红家里的鞋盒子已经堆得像小山一样了。可是没办法，市面上的高跟鞋一季比一季漂亮，款式天天都在变化更新，总让爱美的女士们觉得自己买的鞋不够好看，老有再买一双的欲望。

难道穿上高跟鞋真的会让人变美吗？

我们假设某女士的下身 x 与身高 e 比为 0.60，即$x:e=0.60$。若其所穿的高跟鞋高度为 d，则新的比值是$(x+d):(e+d)=0.60e+(d):(e+d)$。如果该位女士的身高为 1.60 米，表 4 就显示出高跟鞋怎样"改善"了下身与身高的比值：

表4　高跟鞋高度与下身和身高的关系

原本下身与身高比值$\left(\frac{x}{e}\right)$	身高（e 厘米）	高跟鞋高度（d 厘米）	穿了高跟鞋后的新比值$\left(\frac{0.60e+d}{e+d}\right)$
0.60	160	2.54	0.606
0.60	160	5.08	0.612
0.60	160	7.62	0.618

我们知道，0.618 是黄金分割比，人体的下身与身高的比值若符合这个比，就会令人产生赏心悦目的感觉。

由此可见，女士们相信穿高跟鞋使她们觉得更美是有数学依据的。不过，正在发育成长中的女孩子还是不穿为妙，以免妨碍身高的正常增长。况且，穿高跟鞋是要以承担身体重量所导致的脚部不适为代价的。若真的需要提高下身与身高的比值，不妨跳跳芭蕾舞。

为何图书馆的书头几页较脏

如果你经常去图书馆，就有可能会发现一种奇妙的现象：图书馆的书大部分头几页会比较脏。这是一种很普遍的现象，表面上看起来并不奇怪，因为许多到图书馆读书的人大多是先看看书的开头，不喜欢的话就不会再接着读下去了。但是如果你有兴趣的话，可以进行一下深入地考察，你就会发现同样现象的存在。比如，数学书后的对数表、化学书后的一些化学常数、财务课本后的终值及现值系数表，等等。由于这些表是一种工具，只有需要查数据的人才会去碰它，因此，如果头几页比较脏，就说明人们查阅的数据大多在头几页里，同时反映出人们使用的数据并不是散乱的，而是有些数据使用的频率较高。你也可以统计一下所学过的数学、物理课本上面各种数据的开头数字。如果你统计的数据足够多，你就会惊讶地发现，打头数字是1的数据最多，大约占到所有数据的1/3，打头数字是2的数据次之，往后依次减少。这是一种巧合吗？抑或人们对1情有独钟？

1935年，美国通用电气公司的一位物理学家弗兰克·本福特也发现了这一“见怪不怪”的现象。当时他在图书馆翻阅数学对数表时发现，对数表的头几页比后面的更脏一些，这说明表的头几页在平时被更多的人翻阅过。于是，弗兰克·本福特对此产生了极大的兴趣。

通过更进一步的研究，本福特发现，只要统计的样本足够多，同时数据没有特定的上限和下限，则数据中以1为开头的数字出现的频率是0.301，这说明30%的数字都以1为开头的。而以2为首的数字出现的频率为0.176，以3打头出现的频率为0.125，往后出现的频率依次减少，9出现的频率最低，只有4.6%。这就是著名的“本福特定律”，也叫做“第一数字定律”。

该定律告诉人们在各种各样不同数据库中每个数字（自然数从1到9）作为首个重要阿拉伯数字的使用频率。除数字1始终占据接近1/3的出现频率外，数字2的出现频率为17.6%，3出现的频率为12.5%，依次递减，9的出现频率是4.6%。在数学中，这一数学定律的公式可以表示为$F(d)=\log[1+(1/d)]$，此公式中F代表使用频率，d代表待求证数字。

除了对数表，本福特对数字又做了更深一步的研究，他对其他类型的数据进行了统计、分析，发现各种完全不相同的数据，比如人口、死亡率、物理和化学常数、物理书中的答案、棒球统计表、放射性同位素的半衰期、素数数字以及斐波纳契数列数字中均有这一定律的身影。换句话说，只要是由度量工具获得的数据都符合“第一数字定律”。

见死不救真是道德沦丧吗

近年来，我们经常会在报纸或电视上看到类似的报道，某人在众目睽睽之下落水，周围有许多人围观看“热闹”，却没有一个人愿意伸出援手，终于等到某个人“善心大发”去打 110 报警。等警察和医护人员赶到时，落水者因为没有得到及时的救助而死亡。

为什么围观的人没有一个援助受害者？人们普遍归因于世态炎凉。但是心理学家有不同的看法，他们通过大量的实验和研究表明，在公共场所观看危机事件的旁观者越多，愿意提供帮助的人就越少，并称此为“旁观者效应”。而这一现象也可通过数学原理得以证明。

心理学家猜测，当旁观者的数目增加时，任何一个旁观者都会更少地注意到事件的发生，更少地把它解释为一个重大的问题或紧急情况，更少地认为自己有采取行动的必要。我们可以用经济学中的“纳什均衡”定量地说明，在人数变多时，的确是任何一个人提供帮助的可能性变小，而且存在某人提供帮助的可能性也在变小。通俗地讲，在开头的案例中，围观者越多，报警的可能性越小。

在这里我们假设人都是利益动物（也就是说下面的分析不考虑社会心理学中提到的人的心理因素），在最开始的落水案件中，假设有 n 个围观者，有人提供帮助（比如报警），每个人都能得到 a 的固定收益，但报警者会有额外损失 b（可以看成因提供帮助所消耗的时间、精力或者报警者所可能遇到的危险——怕被反咬一口）。

容易知道，在 $b>a$ 时，一个完全理性的人不可能去报警，所以我们只会考虑 $0\leqslant b\leqslant a$ 的情形。我们来分析一下，在这个模型里面，每个人将如何行动。

按照上面的假定，对于某个人 A 而言，他的收益矩阵为（表5）：

表5

	其他 $n-1$ 个人不报警	其他 $n-1$ 个人有人报警
A 不报警	0	a
A 报警	$a-b$	$a-b$

我们求上面的收益矩阵的纳什均衡，由于每个人都是对称的（暂且只考虑对称的纳什均衡），那么不妨假设每个人不报警的概率为 p，不难得到纳什均衡在 $p=\left(\frac{b}{a}\right)^{\frac{1}{n-1}}$ 达到。注意 p 是随着人数 n 增大而增大的。更重要的是，存在某人报警的概率 $1-p^n=1-\left(\frac{b}{a}\right)^{\frac{1}{n-1}}$ 随着人数的增加而减少。

注意，上面的结果也提供了报警的概率与$\frac{b}{a}$的相关关系。

于是我们得出更多推断：

· 相对而言，城市的居民比小乡村的居民更冷漠：在人少的地方获得帮助的可能性反而更大。

· 朋友并不是越多越好的。

· 求助时不要同时向若干人求助，即便如此也不要让他们互相知道。

·更多人看热闹并不代表着社会道德水平更低。

一个社会的道德水平，如不考虑别的因素（社会和心理上的），将由 a 和 b 的比值决定，而在收益 a 确定的情况下，完全由 b 决定，这里的 b 是指提供帮助的成本（包括时间、精力以及有可能招致的打击报复，甚至忘恩负义者的反咬）。

和谐社会的构建，需要努力降低前面所说的 b 值，例如通过给予金钱上或者精神上的奖励等。

人身上的“尺子”

春暖花开，正是出游的好时候。3 月的一天，小明所在的班级组织大家去郊外踏青。一路上，大家有说有笑，兴致很高。班主任何老师指着不远处的一棵白杨树问小明：“你有办法测出我们现在所在的地点和前方那棵大树之间的距离吗?”老师的这个问题难倒了小明，没有尺子，怎么测呢？这时候，一直在旁边倾听的小华插话了：“老师，我有办法。”你知道在没有测量工具的情况下，小华是如何做到的吗?

原来，小华是用自己的大拇指和手臂来测量距离的。这种“大拇指测距法”是部队中狙击手必备的技能。

“大拇指测距法”是利用数学中的直角三角函数来测量距离的。下面我们就为大家详细讲解这种方法。

假设小华他们所在的地点距离大树有 n 米，测量他们到目标物的距离可以分为以下几个步骤：

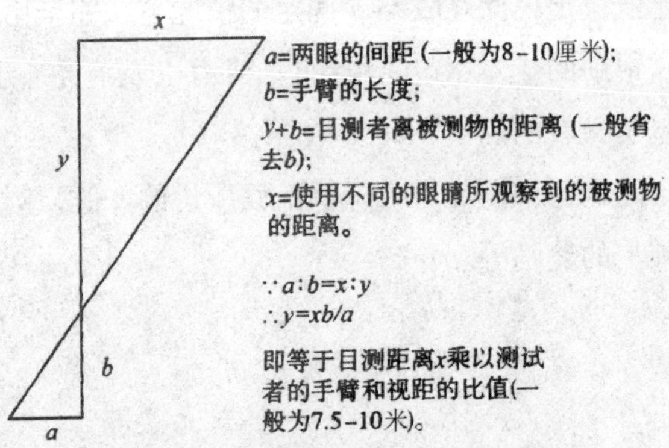

图 26　拇指测距示意图

当然，使用此方法需要一定的经验，有些客观的东西可以提供一些参考，如房屋大小以及房屋的间隔一般在 10 米左右，或者电线杆间隔为 50 米，城镇电线杆间隔为 100 米，高压电线杆间隔为 200 米。需要自己平时多加练习才能够真正做到熟练使用，使测量误差降到最小。

1. 水平端起右手臂，右手握拳并立起大拇指。

2. 睁右眼（闭左眼）并使大拇指的左边与目标物重叠在一条直线上。

3. 右手臂和大拇指不动，闭上右眼，再用左眼观测大拇指左边，就发现这个边线会离开目标物右边一段距离。

4. 估算这段距离（这个也可以测量），将这个距离乘以 10，得数就是我们距离目标物的约略距离。

我们还可以画一个更简单的图形来解释。

如图 26，我们可以利用比例三角形原理求出要测的距离。

学好数学，用好数学

神童买鸡

在我国古代南北朝时期，有一个神童，精于算术。因为他会解决很多数学难题，所以远近的人都喜欢找他解决算术难题。神童的名气因此也越来越大，最后传到了当朝的一个大官的耳朵里，大官想考一考这个神童，并决定如果神童通过了考验，自己就收他做义子。

有一天，大官传话让神童的父亲去见他，给了他一百文钱，让他第二天带一百只鸡来，并规定这一百只鸡中必须有公鸡、母鸡和小鸡，不准多，也不准少，一定要刚好是一百只鸡，如果办不成这件事，就要惩罚神童的父亲。

按照当时市场的价格，买一只公鸡要 5 文钱，买一只母鸡要 3 文钱，买 3 只小鸡要 1 文钱。神童很快解决了这个问题，他让父亲买了 4 只公鸡，18 只母鸡和 78 只小鸡，给大官送去。大官看到问题这么容易就被神童解决了，觉得应该再给他出个更难的题。

大官又给了神童父亲一百文钱，还是让他送一百只鸡，不过规定这回公鸡不能是 4 只。第二天，神童的父亲又送来了一百只鸡，其中有 8 只公鸡、11 只母鸡和 81 只小鸡。大官又改了要求，还是一百文钱，让神童的父亲再送 100 只鸡来，要求这次各种鸡的数量和之前的两次都不能相同。于是，神童的父亲又送来了公鸡 12 只，母鸡 4 只，小鸡

84只。

大官觉得神童确实聪明，正式收他为义子，决定好好栽培他。可是，神童到底用了什么样的方法，将问题解决得这么好呢？

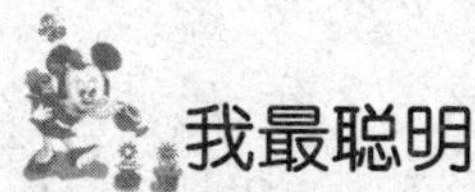

其实，这个问题中有规律可循：4只公鸡的价钱是20文，3只小鸡的价钱是一文，合起来是21文，7只母鸡的价钱也是21文，如果少买7只母鸡，就得多买4只公鸡和3只小鸡。这就是决定此问题的关键点。只要掌握了这个规律，问题就好解决了。

硬币个数

一个存钱罐里有面值1分、5分、10分共10枚硬币，总价值是40分。你知道这个存钱罐里每种硬币各有几枚吗？

我最聪明

根据题目可以最肯定，1分、5分、10分的硬币至少各有一枚。依据此情况，可推断出：3 种不同硬币至少有 1 枚，这种情况下共计 16 分（1 分、5 分、10 分）。从 10 枚 40 分里减掉它们，还剩下 7 枚 24 分。假设这 7 枚都是 1 分的硬币，也就是 7 分。那么 24 分里就少了 17 分。分别把 1 分用 5 分和 10 分互换，也就是把多出的 4 分和多出的 9 分组合起来，以凑出那 17 分。就是说，把两枚 1 分的换成了 5 分的，再把一枚 1 分的换成了 10 分的。因此，各有 5 枚 1 分、3 枚 5 分、2 枚 10 分的硬币。

商人卖水

商人彼得用大皮袋子装着 25 升水，行经沙漠时，碰到一位要买 19 升水的人和一个要买 12 升水的人。彼得的水不够卖给二人，只能卖给其中一人，沙漠酷热的天气让彼得有点不耐烦，他想尽快结束交易，但这单生意显然有点麻烦。

假设彼得从皮袋子中倒出 1 升水需要 10 秒钟，你猜他会卖给哪位客人呢？

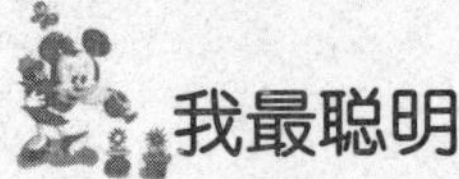

我最聪明

卖给要买 12 升水的客人。很多人的第一反应是彼得可以从皮袋子中倒出6升水，再把剩下的交给第一位客人即可。但是，客人并不知道皮袋子装有25升的水，只有彼得知道。所以，精明的商人彼得很顺利地就解决了这个问题。

粉笔使用方法

吴老师领了9根粉笔到教室上课，当一支粉笔用到只剩原来的1/3时，因其太小，写字时拿不住，吴老师暂时将其放在一边。之所以没有扔掉，是因为他不想浪费粉笔，他把剩下的粉笔头接起来又可以做一支新粉笔使用了。

假设吴老师每天只用一支粉笔，那么9支粉笔，吴老师一共可以用几天呢？

我最聪明

假设吴老师每天用一支粉笔，他用9支粉笔需要9天，而每支粉笔又有1/3的剩余。那么就有9支剩余粉笔。而三支剩余粉笔可以接成一支新粉笔。又可以再用三天，这9支粉笔可供使用的天数增加到12天。需要注意的是，最后三天剩余的粉笔还能接成一支新的粉笔，这样，9

支粉笔就可以供吴老师用 13 天。

切蛋糕的技巧

有一个大蛋糕，切 1 刀可以把蛋糕分成两半，第 2 刀与第 1 刀相交切可以分成 4 块，第 3 刀最多可以分成 7 块。问经过 6 次这样呈直线的切割，最多可以把蛋糕分成多少块？

我最聪明

如果没有实物，不妨动手做一个立体的模型切切看。最终的结果是 22 块。

和尚的馒头

有一座寺庙里住着 100 个和尚，这些和尚每天要分 100 个馒头，老和尚一人分得 3 个，小和尚 3 人分得 1 个，试问这座庙里的老和尚和小和尚各有多少人？

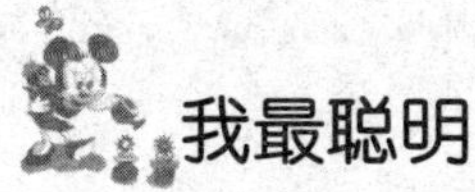

我最聪明

由于老和尚一人分得 3 个馒头，小和尚 3 人分得一个馒头，合并算，即是：4 个和尚吃 4 个馒头。这样，100 个和尚正好可分成 25 组，每一组中恰好有 1 个老和尚。所以可立即算出老和尚有 25 人、小和尚有 75 人。

玩具方格

图 27 中，每样玩具都有一个价格，数字表示该行和列所示的和。你能把未知的总价算出来吗？

我最聪明

鸭子 =5，手摇球 =4，小汽车 =3，彩球 =2，熊 =1。因此，纵向

	22	12	18	16	?
16					
19					
17					
16					
?					

图 27

列的未知数为 11，横向行的未知数是 11。

旅店付款问题

三个好朋友一起去旅行，晚上到一家旅馆住宿，每人 10 元钱，将 30 元钱交给服务员后，再交到会计那里去。会计找回 5 元钱。服务员中间私吞了 2 元钱，只还给他们 3 元钱。3 人分 3 元钱，于是每人退回 1 元钱，合计每人只付了 9 元钱，加在一起共 27 元钱。再加上服务员私吞的 2 元钱，一共是 29 元钱。这就与付账的钱对不上了。到底是哪里出了问题呢？

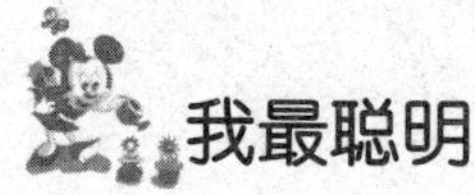

我最聪明

其实，这个账目一点问题也没有。三个好朋友开始拿出30元钱，后退回3元钱，也就是3人共负担27元钱。这27元钱的清单是会计收取25元钱和服务员私吞的2元钱，正好与付账的钱一致。服务员私吞的2元，包含在3人负担的这27元钱里面。会计收取的25元钱+服务员私吞的2元钱=3人负担的27元钱。3人负担的27元钱加上服务员私吞2元钱得出的29元钱的数字，实际上没有任何意义。所以，30元钱与这29元钱差额的1元钱是无意义的。

西红柿的价格

安娜在市场里买西红柿，她说："我买西红柿时，付给杂货店老板12美分，但是由于嫌它们太小，我又叫他无偿添加了2个西红柿给我。这样一来，每打（12个）西红柿的价钱就比当初的要价降低了1美分。"

现在的问题是，安娜到底买了多少个西红柿呢？

我最聪明

安娜开始买了16个西红柿，后来让老板加了两个，所以西红柿的总数是18个。要算出西红柿的个数其实并不难，先假设安娜买了X个西红柿，那么就有：$12 \times 12/X - 12/(X+2) \times 12 = 1$ 那么，就可以计算出 $X = 16$。而最终又添加了2个西红柿，所以就有 $16 + 2 = 18$。

怎样卖相机

小东的哥哥开了一家相机专卖店，小东在哥哥的店里帮忙。哥哥告诉小东其中一种照相机卖310元，为了方便顾客，哥哥让他把机身和机套分开卖，并且叮嘱他，机身比机套贵300元。一次哥哥出门，正好有一位顾客单买一个机套，小东就跟这位顾客要价10元，可顾客嫌价格贵了。小东想着哥哥的交代，觉得自己卖得一点也不贵。但是顾客坚持说自己前两天才在这家店里买了一个一模一样的相机套，只花了5元。正在这时，哥哥回来了。他向客人道歉，说机套确实卖贵了。

可是，小东怎么也搞不明白，自己明明是按照哥哥的吩咐卖的，到底是哪里卖贵了呢？

我最聪明

小东的想法是把机身卖300元，机套卖10元，这样整机就是310元。可实际上机身卖305元，机套卖5元。小东当然是卖贵了。

微波炉的价格

约翰因工作繁忙，决定临时请好朋友桑迪来协助他工作，两人协定以一年为期限，一年的报酬为600美元和一台微波炉。可是桑迪做了7个月后，因急事必须离开约翰，并要求约翰付给他应得的钱和微波炉。由于微波炉不能拆散付给他，结果桑迪得到了150美元和一台微波炉。

约翰因为繁忙忘记了微波炉的价格，你能帮他算出来吗？

我最聪明

按规定，桑迪一年的报酬是600美元和一台微波炉。所以，每月应得50美元和1/12台微波炉。他工作了7个月，所以可以得到350美元和7/12台微波炉。而实际上他得到了150美元和一台微波炉，也就是说，他少拿了200美元代替5/12的微波炉钱。那么，5/12微波炉的价钱相当于200美元，所以微波炉的价格应该是$200 \times 12 \div 5 = 480$元。

老板的损失

一名顾客拿着百元大钞去超市买价值30元的商品，由于老板没有零钱，只好找朋友去换，换完以后，找了顾客70元零钱。顾客走了，但老板的朋友却找来了。说他刚才的百元钞票是假的，经过老板的仔细查看，发现确实是假的。老板只好又给了朋友100元真钞。

在整个过程中，这个超市的老板一共损失了多少钱？

我最聪明

损失了100元。老板跟他朋友之间的交易没有任何损失，是朋友之前给他100元零钱的等价物。他给朋友的100元是真的。老板真正的损失是在和顾客交易的时候，他损失了价值30元商品和70元货币。

赔了还是赚了

玛法达是一个古董商人，非常爱好收藏各种古币，有一次，他收购了两枚古钱币，后来又以每枚 60 元的价格出售了这两枚古钱币。其中的一枚赚了 20%，而另一枚却赔了 20%。

问题是与玛法达当初收购这两枚古钱币相比，他是赔了，或赚了，还是不赔也不赚呢?

我最聪明

玛法达赔了 5 元。如果按每枚 60 元出售，则赚了 20% 的古钱币，其收购价格为：60×100/120 = 50 元；另一枚赔了 20% 的古钱币，其收购价格为：X ÷（120%） = 60 元，X = 75 元。这样，两枚古钱币的收购价格为 50 + 75 = 125 元，而出售价格为 120 元，所以玛法达在这次交易中共赔了 5 元钱。

遗产分配问题

德丝是个不幸的女人，她怀孕的时候，丈夫得了重病，不久就死去了。不过丈夫在遗书中对财产的分配写下了这样的话：“如生下男孩，分给他 1/2，其余归妻子所有；如生下女孩，分给她 1/3，其余归妻子。”不巧的是，德丝生下来的却是一男一女的龙凤胎。那么，遗产应该怎样分呢？

我最聪明

从遗书的前半段来看，德丝和儿子的分配比例应该是 1∶1,从遗书的后半段来看,德丝和女儿的分配比例是2∶1,这是考虑问题的最佳途径。因此,三人的比例是 2∶2∶1。这样一来，遗产就很好分了，德丝分得 2/5，儿子分得 2/5，女儿分得 1/5。

农妇和鸡蛋

有两个农妇共带100个鸡蛋去菜市场卖，一个带得多些，一个带得少些，但结果卖了同样的钱。甲农妇对乙农妇说："如果我有你那么多的鸡蛋，我可以卖18元。"乙农妇说："如果我有你那么多的鸡蛋，我就只能卖8元。"

那么，你知道这两个农妇各自带了多少个鸡蛋吗？

我最聪明

甲农妇带了40个鸡蛋，乙农妇带了60个鸡蛋。

生产飞机

有一家飞机制造厂，4 名工人每天工作 4 小时，每 4 天可以生产 4 架模型飞机，如果按照这种工作效率，8 名工人每天工作 8 小时，8 天能生产多少架飞机呢?

我最聪明

4 名工人每天工作 4 小时，每 4 天生产 4 架模型飞机，所以，1 名工人每天工作 4 小时，每 4 天生产 1 架模型飞机，那么每人工作 1 小时可生产 1/16 架模型飞机。因此，8 人每天工作 8 小时一共工作 8 天，生产的模型飞机数量就是 $8\times8\times8\times1/16=32$ 架。

带了多少钱

一对男女朋友去游乐园玩，男的带的钱数是女的2倍，两个人进游乐园各花去60元门票，男的钱数变成了女的3倍。那么，你能算出这两个人各带了多少钱吗?

我最聪明

假设男带的钱数是X，女带的钱数是Y，那么就可以得到这样一组方程式：$X=2Y$，$X-60=3\times(Y-60)$。解这个方程组，就可以得到$X=240$，$Y=120$。这样就可以知道，男带了240元，女带了120元。

给药粉称重

安利先生开了一家药店，店里只有一架天平，一只5克和一只30克的砝码。一天，安利先生的店里来了一个顾客，指明要买100克某种药粉。如果用30克的砝码要称三次，再用5克的砝码称两次，共5次称出100克药粉。可是药店生意繁忙，顾客又希望赶快弄好，安利先生也非常着急，但是如果只称一次，怎样也称不出100克药粉。安利先生到底应该用什么样的方法，才能又快又好地将药粉称出来呢？

我最聪明

最方便的方法就是将5克和30克砝码放在天平一端，先称出35克药粉，再将这35克药粉与30克砝码放在天平一端，又可称出65克药粉，这样总共就称出药粉：35+65=100（克）。

如何买票

某公司组织员工去游乐场玩，公司的人事经理负责购票，没购票之前，人事经理算了一笔账：门票每张5元，50人以上享受八折优惠。现在公司共45人，加上总经理1名，共46人，享受不到团体优惠。人事经理想找一个好办法，用最优惠的价格买到票，到底该用什么方法呢？

我最聪明

直接买50张票。这样共花费 $50\times5\times0.8=200$ 元。假如买46张，则需要花费 $46\times5=230$ 元，多花30元。

衣服的成本

袁女士最近开始做网店生意，向服装商店订购某种服装 80 件，定价 100 元。袁女士和服装商店的主管说："如果你每减价 1 元，我就多订购 4 件。"主管算了一下，若减价 5%，还能获得与原来一样多的利润。

那么，该衣服的成本到底是多少钱，你能算出来吗？

我最聪明

衣服的成本是每件 75 元。

合理分饮料

李莉家里来了三位客人，李莉要将7个满杯的橙汁、7个半杯的橙汁和7个空杯。平均分给三个客人，她应该怎样分才合理呢？

我最聪明

李莉把4个半杯的橙汁倒成2杯满橙汁，这样，满杯的有9个，半杯的有3个，空杯子有9个，3个人就容易平分了。

钱币的数量

很久以前，某个地方有这样一个规定；商人带着商品每经过城里的一个关口就要被没收一半的钱币，再退还一个。杜斯是个精明的商人，一天他带着钱币经过 10 个关口之后仅剩下 2 个钱币。那么，杜斯最初带了多少钱，你能算出来吗？

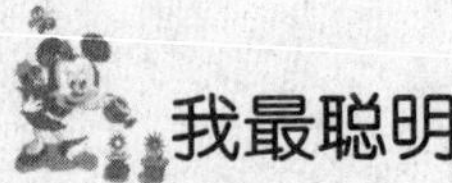

我最聪明

杜斯最初就只有 2 个钱币。

厨师和土豆

小何是个厨师，在一个酒店里工作。一天，酒店里进了一批土豆，共有 100 个。这 100 个土豆分别装在 6 个大小不一的袋子里，每只袋子里所装的土豆数都是含有 6 的数。那么，你能算出来，每只袋子里各装了多少个土豆吗？

我最聪明

每个袋子里的土豆数量按照顺序依次是：60、16、6、6、6、6。把 100 个土豆分装在 6 个袋子里，100 的个位是 0，所以 6 个数的个位不能都是 6。并且经过分析，如果一个袋子里面的土豆数个位数上有 6，那么就还得有 4 个袋子的土豆数个位数上是 6，因为只有个位数上有 5 个

6，个位数上才出现0。此时，又因为6个数的十位数的数字之和不能大于10，所以十位上最多有一个6，而个位照上面的分法已占去30个土豆了，所以目前十位上的数字和不能大于7，也只能有一个6，就是60个土豆。这样，十位上还差1，把它补进去出现16，这个答案是唯一的。

打赌游戏

有三个好朋友老龚、老马、老万玩打赌游戏：

开始，老龚从老马那里赢得了相等于老龚手头原有的钱数。

接着，老马从老万那里赢得了相等于老马手头剩下的钱数。

最后，老万从老龚那里赢得了相等于老万手头剩下的钱数。

结果，他们三人手头上拥有的钱数相同。

有一人说："我在开始时有50元。"

最后一句话是谁说的？你能算出在开始打赌时，他们各自有多少零花钱？

我最聪明

最后一句话是老马说的。在开始打赌前，老龚有30元，老马有50

元，老万有40元。

汽水的价格

有两个好朋友一起出去玩，走着走着口渴了想买瓶矿泉水喝，两个人把身上的钱都掏了出来，小牛差了一元钱，小利差了一分钱，他们两个人把钱合在一起，结果还是不够买矿泉水的。那么，你来算算看，这一瓶矿泉水到底应该是多少钱呢？

我最聪明

一瓶矿泉水是1元钱。事实上小牛根本没带钱，小利带了9角9分，所以他们俩的钱加在一起还是不够买一瓶矿泉水。

有计划吃面包

明明的爸爸和妈妈去外地，只有他一个人在家，妈妈给他准备了面包，够他从星期一吃到星期四。在这四天里，明明每天都吃了一些面包。明明最喜欢吃豆沙面包和椰蓉面包，因此，妈妈只给他准备了这两种。明明每天吃豆沙面包和椰蓉面包的数量都不相同，他每天吃 1—4 个豆沙面包，吃 1—5 个椰蓉面包。

①一天中吃掉的面包总数量随着日期的增加而每天增加一个。

②星期一吃了 3 个豆沙面包，星期二吃了一个豆沙面包，星期四吃了 5 个椰蓉面包。

③ 4 天中吃的每种面包的各自数量也都不一样。

根据这些条件，你能算出明明每天具体吃了多少面包吗？

我最聪明

明明周一吃了 3 个豆沙面包、1 个椰蓉面包；周二吃了 1 个豆沙面包、4 个椰蓉面包；周三吃了 4 个豆沙面包、2 个椰蓉面包；周四吃了 2 个豆沙面包、5 个椰蓉面包。

促销商品

每到春节，各大商场都会举行促销活动。某大型综合商场举行促销活动，此商场规定：凡是顾客在商店里购买价值200元以上的商品可优惠20%。一位小姐准备了300元，要在这个商场里购物，那么她最多可以买下面4个选项中多少元的商品？

A. 350元　　B. 384元

C. 400元　　D. 420元

我最聪明

优惠20%，300元最多可以消费375元商品，A选项中350小于375，说明可以用300元来消费该商品，而其他选项的商品是用300元消费不了的，因此正确选项为A。

苹果有多少个

小冰家在山上有一片梨园，每到梨子成熟的时候，小冰都会上山去和爸爸一起摘梨子，然后再将梨子运下山。一年，梨子成熟了，小冰摘了很多梨子运下山。没走多远，遇到了邻居王爷爷，小冰便将梨子给了王爷爷一半。然后看看筐里，挑了一个又大又红的送给王爷爷。

没走多远，小冰又遇到了邻居李奶奶，他又送了李奶奶一半外加一个梨子。在路途上，小冰又遇到了其他三位邻居，按照同样的方法，小冰又把梨子分给了这三位邻居。到了家以后，小冰只剩下一个梨子了。

妈妈问小冰知不知道自己原来背下山的是多少个梨子，小冰说不知道。那么，你能帮小冰算一算，他到底背下山多少个梨子吗？

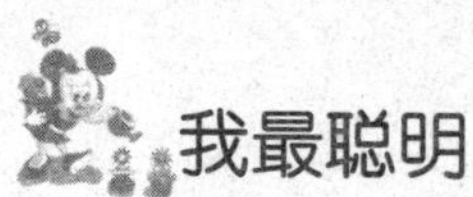

我最聪明

梨子的数量是 94 个。

各有多少钱

有4个好朋友老周、老吴、老郑、老王，他们口袋里的钱一共有112元。现在知道的是老周的钱再加上3，就等于老吴的钱数减去3，等于老郑的钱数乘以3，等于老王的钱数除以3。现在请你算一算，老周、老吴、老郑、老王各自有多少钱？

我最聪明

老周18元，老吴24元，老郑7元，老王63元。

家庭财产

韩先生和韩太太都是理财能手，他们经常整理家庭账目。这天，在整理账目的过程中，两人发现：假如韩太太给韩先生 100 元，两人手里有同样多的钱；如果韩先生给韩太太 100 元钱，韩太太拥有的钱数就是韩先生的 2 倍。

照这样计算，你能算出来韩先生和韩太太手里原来各有多少钱吗？

我最聪明

假设韩先生和韩太太手里的钱数是相同的，韩太太向韩先生交 100 元钱的状态为前提（韩先生向韩太太交 100 元钱的话，韩太太手中的钱是韩先生的 2 倍）考虑，就可以了。可以这样算，两人各有 100 元、200 元——算到 600 元的时候，就渐渐清楚了。因此结果就是韩先生从 600 元里面拿出 100 元返还给韩太太，即韩太太有 700 元，韩先生有 500 元。

商人的遗产

老王头是个卖驴的商人，在弥留之际，想将手里剩下的 24 头驴分给三个儿子。他给朋友留下了一份遗嘱，希望朋友按照遗嘱进行处理。他的遗嘱是这样的："传给长子 1/2，传给次子 1/3，传给三子 1/8。"

留下遗嘱以后，老王头就死了。朋友看着这个遗嘱犯了难，因为在老王头死掉的那天，有一头驴也死掉了，现在只剩下23头驴，而这些驴的数量用2、3、8都无法整除。而且，老王头的遗嘱中说到，不能将驴换成现金，然后再分配。

这真是个难题，你能不能帮助他们解决这个难题呢？

我最聪明

现在假设还有24头驴，大儿子得到1/2为12头驴；二儿子得到1/3为8头驴；三儿子得到1/8为3头驴。不偏不倚，按照遗嘱分完后，三人分到的驴加起来正好是23头。本题不必拘泥于“遗产全部分”的思维方式，因为遗嘱中并没有这么说。

数学家儿子的年龄

瑞尔和辛迪是两位数学家，一天他们在一列火车上遇见了。瑞尔说：“如果我没记错的话，你有三个儿子，他们的年纪多大了？”

辛迪确实有三个儿子，他说：“你我都是数学家，你不妨算一下，我三个儿子的年龄乘积是36。而他们年龄的和是今天的日期。”

一分钟后，瑞尔说："对不起，您还没有告诉我您最小儿子的年纪。"

辛迪说："对不起，我最小儿子头发的颜色是红色的。"

又过了几分钟，瑞尔算出了辛迪所有儿子的年纪。

你知不知道，瑞尔到底怎样算出辛迪儿子的年纪呢?

我最聪明

辛迪说自己三个儿子年龄的乘积为36，共有以下几种情况：

儿子1	儿子2	儿子3	积	和
1	1	36	36	38
1	2	18	36	21
1	3	12	36	16
1	4	9	36	14
1	6	6	36	13
2	2	9	36	13
2	3	6	36	11
3	3	4	36	10

因为知道了其年龄和之后，不难推出这三个数，说明他们相遇的这天应该是13号，因为和为13时有两种可能。辛迪给出新的信息指出他有一个最小的儿子，排除了一个9岁和两个2岁这种可能，因为只有一个孩子是最小的。这就告诉最终的答案了：1岁、6岁和6岁。

骑士的数量

唐朝著名的美人杨贵妃爱吃荔枝，每当荔枝成熟的时候，当地官员都会奉皇上旨意给贵妃送荔枝。古时候最快的交通工具就是马，而荔枝园和皇宫距离较远，假如单派一个骑士与一匹马显然不能完成任务。所以，荔枝园同时预备了一些中途接应荔枝的人。

这一年，荔枝园的荔枝丰收，果实丰满多汁。荔枝园管理者急忙命人将新鲜的荔枝送去给贵妃品尝。管理者每天派出 1 名骑士飞马传送，从不敢间断。杨贵妃吃到新鲜美味的荔枝，十分高兴，于是赏赐了一坛美酒给荔枝园的管理者，并派了一个使者送到荔枝园。使者出发后 10 天到达荔枝园，他的速度和送荔枝人的一样，并同时相对出发。

你能算出这个送酒的使者一路上看到了多少个飞马送荔枝的骑士吗?

我最聪明

送酒的使者一共遇见了 21 个飞马骑士。因为他没出发时已经有人在路上了，他刚出门，10 天前出发的人正好到达，加上路上的 10 天共有 20 人与他相遇，而到荔枝园时，又有一人要出发了。

卖首饰的学问

尚师傅是很有名的老银匠。有一天，尚师傅对三个儿子说："我这里有一些首饰，你们拿去卖，我给你们分好。大儿子拿 50 件，二儿子拿 30 件，小儿子拿 10 件。卖的贵贱你们自己拿主意，但卖的价钱一样。最后你们每人都要交给我 50 元。"二儿子天生不会算账，看见父亲给的东西这样少，觉得怎样都卖不出一个好价钱来。于是就愁眉苦脸地和小兄弟抱怨道："爹爹这不是为难人吗，这怎么能卖出好价钱呢?"小儿子见哥哥犯愁，笑着说："别着急，我有办法，可以让我们卖出一样的价格，还交给父亲 50 元。"果然，兄弟三人都用了小兄弟的方法，顺利地解决了难题。

你能想出小儿子到底用的是什么方法吗?

我最聪明

小儿子让每人都把首饰中的一些精品挑选出来，大儿子选出 1 件，二儿子选出 2 件，自己选出 3 件，余下的按 7 件 5 元成套卖出。大儿子的 7 套卖 35 元，二儿子的 4 套卖了 20 元，小儿子只 1 套卖 5 元，价格一样。精品按 15 元一件卖出，大儿子得 15 元，二儿子得 30 元，小儿子自己得 45 元，价格还是一样，而每人都卖够了 50 元。

公主和宝石

古时候某国的老国王有三个可爱的王子。一天，老国王高兴的时候，赏赐给他们 24 颗宝石。一位算术高手算了一笔账：老国王分给王子的这些宝石如果按照王子三年前的年龄来分，正好分完。

小王子最聪明伶俐，经常和这位数学家探讨难题，就对数学家说："我将宝石留下一半，另一半给哥哥平分。然后二哥也拿出一半让我和大哥平分。最后大哥也拿出一半让我和二哥平分。"结果是三位王子的宝石数目都相同。小王子想让数学家算一算，到底自己和两个哥哥现在的年龄分别是多少呢？

我最聪明

三个王子得到的宝石一样，那么从总数来看，每位王子最后都得到了 8 颗宝石。大王子分宝石前是 16 颗宝石，而当时二王子和小王子手中应该各有 4 颗宝石，由此推算出二王子分出宝石前有 8 颗宝石。而小王子的4颗有两颗是二王子分出的，另两颗是他第一次分配所得，最初小王子的宝石数就知道了是4颗。二王子得到小王子的1颗成为8颗，二王子最初是7颗，大王子自然是13颗宝石。最后别忘了，这是三位王子三年前的年龄，要算现在的年纪必须再给每人加3岁，于是可以知道小王子7岁，二王子10岁，大王子16岁。

军师点将

古代有位将军，是个点将高手。一有战事，将军就坐在大堂上开始点将。将军所在的集团，连上他自己在内一共有108个人，每次人集合完，他一不用数、二不用报数而是用排列队形的方式将人数点清楚，据他说这种方法又快又准。那么将军是怎样做的呢?

人集合完毕，将军发出命令："排成3行。"排好后他看看队尾说："余2人。"又说："改变队形，排成5行。"又余2人。他接着命令道："再排成7行。"还余2人。于是将军宣布："107人，都到齐了。"

将军到底怎样这么快就把人数点清楚了呢?

我最聪明

设X、Y、Z为人们排成3、5、7行的列数，总人数为M。可以写

出以下方程 $3X+2=5Y+2=7Z+2=M$ 即：$3X=5Y=7Z=M-2$。从这个式子中又可以得出 $X=5/3Y$，$Z=5/7Y$。显然，只要 Y 是 3 和 7 的公倍数，X 和 Z 就为整数；而 Y 是有范围的：$107\geqslant M\geqslant 2$，因为 $M=5Y+2$，所以，就有 $107\geqslant 5Y+2\geqslant 2$，即可以解出 $21\geqslant Y\geqslant 0$，如果 $Y=0$，显然不符合题意。那么就可以设 $Y=21$，这样就可以顺利解出：$M=5Y+2=5\times 21+2=107$。这也就是将军用的方法了。

士兵的人数

契丹王接到邻近部落发来的战书，要组织军队出城打仗。在出发前，契丹王想要检阅一下士兵，大致清点一下人数。他命令士兵每 10 人一排站好，谁知排到最后缺 1 人。契丹王认为这样不吉利，改为每排 9 人，可最后一排又缺 1 人，改成 8 人一排，仍缺 1 人，7 人一排缺 1 人，6 人一排缺 1 人……直到两人一排还是凑不齐。不到 3000 人的队伍怎么也排不齐，契丹王非常懊恼，觉得这样行列不整齐的队伍无法出征，只好收兵作罢。

为什么契丹王的士兵总是排不整齐呢，你能不能算出契丹王到底拥有多少士兵？

我最聪明

契丹王一共拥有士兵2519个。要想每排人站齐，人数必须是每排人数的倍数。或是10的倍数或是9的倍数……如果是10、9、8、7…2的公倍数，那无论怎样排都是没有问题的。10、9…2的最小公倍数是2520。现在契丹王的兵数是2520－1，也就是2519，自然是怎么排也缺少1人。公倍数有许多，因兵数在3000人以下，所以取最小公倍数正好。

公平分馒头

两个旅行者共同结伴旅行，走了很多路之后，两个人身上的粮食基本上都吃完了。一天晚上，两个人坐在一起，将他们身上的干粮都拿出来，想要平均分配一下。第一个人有5个馒头，第二个人有3个馒头。正当两个人准备分配的时候，第三个人走过来，向他们请求，说他的肚子饿得很厉害，希望能分给他一点吃的。第三个人说自己的身上有8元钱，可以全部给这两个旅行者。两人觉得很好，就让第三个人坐下来，与他们一起分食馒头。

第二个旅行者说：“我拿出了3个馒头，你拿出了5个，因此你该得5元钱，我该得3元钱。”第一个人说：“不对！如果将钱平分的话，每人应该得到4元钱，但是我比你多出了2个馒头，因此，你应该再让出2元钱。”

那么，这两个人究竟谁说得对呢，实际上他们两个又该分得多少钱呢？

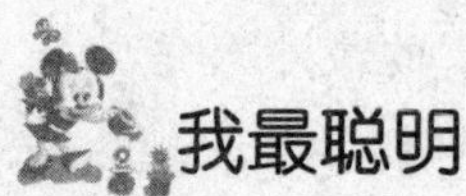

我最聪明

实际上，两个人说的都不对。下面我们来算一下：题目中说两人一共有8个馒头，三个人每人吃到8/3个馒头。第二个人实际上给出1/3个馒头，第一个人给了7/3个馒头。所以按贡献比例，第二个人只应得到1元钱，第一个人则应得到7元钱。（不代表本人观点）

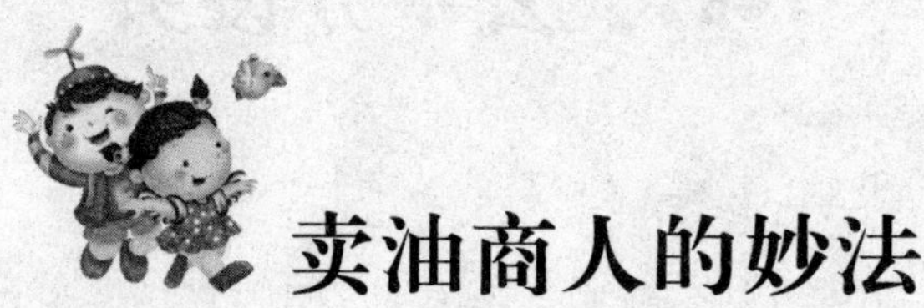

卖油商人的妙法

哈尔在一个自由市场里开了一个卖油的商店。一天店铺刚开门，他刚将一个12千克油的油桶摆好时，店里就来了两位顾客，是两个家庭主妇。两个主妇仅带了5千克和9千克的两个小桶，但她们买走了6千克的油，胖一点的家庭主妇买了1千克，瘦一点的家庭主妇买了5千克，更惊奇的是哈尔与她们之间的交易没有用任何称量的工具。

那么，哈尔是怎样和这两个家庭主妇进行交易的呢?

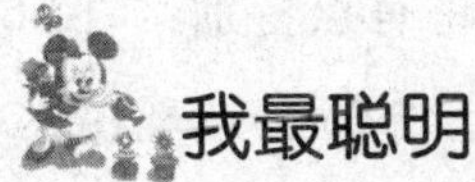

我最聪明

哈尔先从大桶中倒出5千克油倒入9千克的桶里，再从大桶里倒出5千克油倒入5千克的桶里，然后将5千克桶里的油将9千克的桶灌满。现在，大桶里有2千克油，9千克的桶已装满，5千克的桶里有1千克油。然后哈尔再将9千克桶里的油全部倒回大桶里。大桶里有了11千克油。将5千克桶里的1千克油倒进9千克桶里，再从大桶里倒出5千克油，现在大桶里有6千克油，而另外6千克油也被换成了1千克和5千克两份。

到达的时间

贝尔是个喜欢开玩笑的小伙子，因为工作原因，他经常需要坐飞机。遇到漂亮的乘务员，贝尔通常喜欢和她们开一些无伤大雅的玩笑。这天，贝尔在飞机场里又和空姐开玩笑，他问空姐：“我们乘坐的这架飞机，什么时候能到达东京?”

空姐笑着说："明天早上。"

贝尔又问："明天早上几点呢？"

空姐笑着说："我们准时到达东京时显示的时间将有点特别：时针和分针都将指在分针的刻度线上，两针的距离是13分或26分。现在你能算出我们几点到吗？"

贝尔算了一会儿问道："我们是东京时间4点前还是4点后到呢？"

空姐笑着说："我如果告诉你这个，你自然就知道了。"

闻听此言，贝尔也笑着说："你不说我也知道了。"

那么，这架飞机到底是几点到达东京呢？

我最聪明

首先，时针和分针都指在分针的刻度线上，时钟上每个小时之间有4个分针刻度，在相邻两个分针刻度线之间对时针来说要定12分钟，这说明这个时阈必定是 n 点 $12m$ 分，其中 n 是0—11的整数，m 是0—4的整数，即分针指向 $12m$ 分，时针指向 $5n+m$ "分"的位置。又已知分针与时针的间隔呈13分或26分，即要么 $12m-(5n+m)=13$ 或26，要么 $(5n+m)+(60-12m)=13$ 或26，$11m-5n=13$ 或26，$60-11m+5n=13$ 或26。

这是一个看起来不可解的方程。但由于 n 和 m 只能是一定范围的整数，却还是能找出解来的（重要的是，不要找出一组解便满足了，否则此类题是做不出来的）。贝尔便是以此思路找出了所有三组解（若不细心，会在只找到两组解后便放下武器，宣称此题无解）。

已知 $m=0$，1，2，3，4；$n=0$，1，2，3，4，5，6，11，只有固定的取值范围，不难找到以下三组解：

①n =2，m =4；②n =4，m =3；③n =7，m =2

即这样三个时间：

①2:48；②4:36；③7:24

当贝尔算到这里的时候，他必须确定一下，因此就问了问空姐，但是空姐的回答也设了机关：正面回答本来应该是4点前或是4点后。但若答案是4点后，空姐的变通回答便不对了，因为这时贝尔还是无法确定是4:36还是7:24。而空姐的变通回答却暗示他：若正面回答就能确定答案，这意味着这个正面回答只能是2:48分。

多少蚂蚁兵

一只蚂蚁发现一条虫子死了，马上回巢穴唤来10个伙伴，却搬不动。这些蚂蚁全部回巢穴又分别招来10个伙伴，仍然搬不动。蚂蚁们又全部回窝各自搬来10个兵，还是搬不动。蚂蚁们坚定不移，又各自回去搬兵，每只招来10个，这次终于把虫子拉到了家。

你能不能算出，前后一共出动了多少只蚂蚁呢？

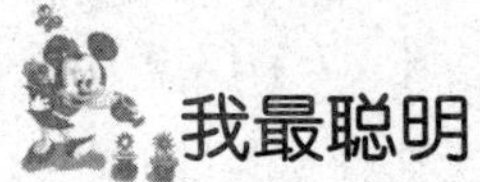

我最聪明

第一次：1 +10 =11

第二次：$11+11\times10=121$

第三次：$121+121\times10=1331$

第四次：$1331+1331\times10=14641$

神奇的速算法

一个数学家生病住进了医院，在医院的生活十分无聊，朋友来看望数学家时，他向朋友述说自己的苦恼。但是，按照医生的吩咐，数学家又不能那么快离开医院。为了给数学家解闷，朋友出了一道题来考验数学家，他请数学家算一算：$2987\times2913=?$

看完题目没多久，数学家便得出了答案。并且还从这个题目深入研究，得出了速算法。那么，数学家究竟是用什么方法算出这个题目的呢？

我最聪明

对于这道题，数学家的确有巧妙的速算方法。这道题的两个因数都是4位数，左边部分都是29，右边部分是87和13，又$87+13=100$。他用图解法如下，即：$29\times30=870$，$87\times13=1131$，可简算：$(100-13)\times13=1300-169=1131$，然后将1131放在870后面，得出 8701131。

一共有几个人

夜晚，9 个冒险者在沙漠中迷了路。早上他们起来一看，所带的饮用水仅够 5 天了。第三日早晨，他们发现了一些脚印，知道还有一些人也在沙漠中，于是便顺着脚印开始寻踪。追上这些人以后，冒险者们才发现找到的这些人也已经没有水了。于是，两批人只好合用剩下的水，这样一来，剩下的水也只能喝 3 天了。

现在，你能计算出冒险者们找到的这批人人数一共是多少呢？

我最聪明

这批人是 3 个人。9 个旅行者没有见到第二批人的时候，剩下的水只够 9 个人喝 4 天。和第二批人合在一起后，水足够喝 3 天的，因此可以得知第二批人在 3 天中喝的水等于 9 个人 1 天喝的水，所以，第二批人肯定只有 3 个。

割草工人数

科拉是个大财主，每年夏季，他都会雇用工人给自己的草地除草。他有两片草地，大的一片是小的 2 倍。上半天所有的人都在大片上割草，下午一半的人留下，另一半去小片地割，收工时，大片地正好割完，小片地剩下一块，正好一个人第二天干 1 天。

你能不能算出，大财主科拉到底雇用了多少人割草？

我最聪明

科拉雇用了 8 个人。假设人数为 X，一人一天的工作量是 Y。有一种简单的思路是：大片地用全组人割半天再加上半组人的半天，则很清楚是半组人半天割这片地的 1/3。而小片地又是大片地的一半，第一天干了（1/2－1/3）正好剩下 1/6，是一个人干的量。用所有人全天干的量也就是 4 个 1/3 除以 1/6，就是人数了。所以最终可以算出人数是 8。

神奇的变化

凯洛是一个聪明人，生活在古代的雅典。他自小就被卖给了地主老爷做奴仆，为了改变自己的命运，凯洛不断地在寻找机会。一次，地主老爷听说凯洛的棋艺不错，就让凯洛跟自己下棋。下棋之前，地主老爷对凯洛说，假如他输了，可以答应凯洛的任何要求。凯洛对地主老爷说，自己的要求很简单，棋盘上共有 64 个格，在第一格放上一粒米，第二格放上第一格米数的 2 倍，第三格放上第二格米数的 2 倍……如此下去，一直放到 64 格为止。凯洛说自己就要这些米的总数。如果老爷达不到自己的要求，就要放他自由。

地主老爷一听，就认为凯洛是个傻子。凯洛还要求地主老爷立下字据，作为证据。地主老爷也毫不犹豫地答应了。下棋的结果是，地主老爷输了棋，他让账房先生按照凯洛的要求算一算，这一算不得了，怎么也达不到凯洛的要求，这样，地主老爷也只能还凯洛自由了。那么，凯洛到底向地主老爷要了多少米呢？

我最聪明

按照凯洛的要求，每个格子里的米分别是前一个格子里的两倍，那么第64格里有1×2×2×2×…M2粒米（63个2相乘）。10个2相乘等于1024，这个式子可以写成：8×1024×1024×1024×1024×1024×1024。如果把8192粒米算为1斤，又把1024当1000近似算，那么格里的米有多少斤呢？有100万亿斤米，即5000亿吨。地主老爷没有这么多米，也只能还凯洛自由了。

牛吃草问题

澳大利亚某地有一片牧场，如果在这片牧场里放牧27头奶牛，6个星期可以把草吃光；如果放牧23头奶牛，9个星期可以把草吃光。如果放牧21头奶牛，几个星期可以把草吃光呢？

我最聪明

这个题目看起来简单，其实解决起来并不简单，答案是21头奶牛12个星期可以把草吃完。其实，这是一个发展性的问题，奶牛吃掉的不单单是牧场上现有的草，还要吃掉牧场上新长出的草。因此解答这类问题的关键是要知道牧场上原有的牧草量和每星期牧草的生长量。解答时，先假定牧场上每星期草的生长量是一定的，而每头奶牛每星期的吃草量是相同的。

假设：每头奶牛每星期的吃草量为1。

27头奶牛6个星期的吃草量为27M6 = 162。这既包括牧场上原有的草，也包括6个星期长出来的新草。

23头奶牛9个星期的吃草量为$23 \times 9 = 207$，这既包括了牧场上原有的草量，也包括9个星期长出来的草。

因为牧场上原有的草量是一定的，所以上面两式的差$207 - 162 = 45$，正好是9个星期生长的草量与6个星期生长草量的差。这样就可以求出每星期草的生长量是$45 \div (9 - 6) = 45 \times 3 = 15$。

牧场上原有的草量是$162 - 15 \times 6 = 72$或者$207 - 15 \times 9 = 72$。前面已经假定每头奶牛每星期的吃草量为1，而每星期新长的草量是15，$15 \div 1 = 15$，因此新长出来的草就可以供给15头奶牛吃。今要放21头奶牛，还剩下$21 - 15 = 6$（头），这6头奶牛就要吃牧场上原来有的草：这牧场上原有的草量够6头奶牛吃几个星期，就是21头奶牛吃完牧场上草的时间：$72 \div 6 = 12$（星期）

①$27 \times 6 = 162$

②$23 \times 9 = 207$

③$207 - 162 = 45$

④$9 - 6 = 3$

⑤$45 \div 3 = 15$

⑥$15 \times 6 = 90$　$15 \times 19 = 135$

或者是

$162 - 90 = -72$　$207 - 135 = 72$

⑦$21 - 5 = 6$

⑧$72 \div 6 = 12$

这样最终的答案就是放牧21头奶牛，12个星期可以把草吃完。

猜数字

任意一个3位数（个位、十位、百位相同的数字除外），将它的个位与百位上的数字调换位置，然后，将两个数相减（大数减小数），只要得知首位数字或末位数字，就能猜得出来。

例如：把521的个位和百位数字互换位置是125，用521－125＝396。如果你得知这个数的末位是6，就能立刻猜出是396。你能知道原因吗?

我最聪明

因为用这种方法算出来的数的中间数字一定是9，并且首位、末位两数的和也是9，只要知道了中间的数且又知道首、末两位数字的和，再知道首位或末位的其中一个数，得数很容易就可以算出来。例如，872这个3位数首、尾两数对调位置得278，再用872－278＝594。如果告诉你首位是5，你立即能答出得数是594。

钓鱼人的儿子

萨拉和杰克各自带着一个儿子去钓鱼，萨拉钓鱼条数的个位数字是2，他儿子钓鱼条数的个位数字是3；杰克钓鱼条数的个位数字也是3，他的儿子所钓鱼条数的个位数字是4。他们所钓鱼的总数是某个数的平方。

那么，现在的问题是，你知道萨拉的儿子是谁吗？

我最聪明

这4个数字末位数的和为2+3+3+4=12，这样就可以知道他们钓鱼总数个位数字是2，奇怪的是没有一个自然数平方的末位数字是2。这样一来，好像根本无法判断。其实，问题的症结并不是个位数平方，而是人数问题。一定是不可能有4个人，而只可能有3个人。其中有一个人既是父亲，又是儿子。这个人是谁呢，就是个位数字相同的杰克。所以由此可以知道，萨拉的儿子其实是杰克。

家庭成员

亚特先生拥有一个大家庭，在这个家庭里，有一个人是爷爷，一个是奶奶，两个是爸爸，两个是妈妈，4 个是孩子，3 个是孙子（女），一个是哥哥，两个是妹妹，两个是儿子，两个是女儿，一个是公公，一个是婆婆，还有一个是儿媳。假如一共有三代人，那么这个家庭究竟有多少人呢？你可以计算出来吗？

我最聪明

亚特先生的这个大家庭一共有 7 个人：一对夫妻、他们的 3 个孩子（两女一男）以及丈夫的父亲与母亲。

聪明的警察

卡门是个老警察，在他做探长期间，一直在追踪一个盗墓者，但他和这个盗墓者并没有正面遇见过。一天，一个自称是盗墓者的人前来自首，他对卡门说，自己就是那个他追踪了多年的盗墓者。此人说自己偷来的100块法老壁画被他的25个手下偷走了。这些人中最少的偷走1块，最多的偷了9块。而这25人各自偷了多少块壁画，他说他自己也记不清了，但可以肯定的是，他们都偷走了单数块壁画，没人偷走双数块的。他可以为警方提供了25个人的名字，条件是他要无罪释放。

卡门答应了这个盗墓者的请求，但是当天下午，他就将这个盗墓者抓住了。这是什么原因呢？

我最聪明

卡门经过计算，得出：假如100这个数可以分成25个单数，那么就是说单数个单数的和等于100，即等于双数，而这是不可能的。实际上，这里共有12对单数，另外还有一个单数。每一对单数的和是双数，12对单数相加，它的和也是双数，再加上一个单数不可能是双数，因此，100 块壁画分给 25 个人，每个人都不分到双数是不可能的。自首的盗墓者出这一招是想嫁祸给他的手下，好让自己一人独吞赃物。

恐怖分子接头时间

有一天，国际反恐组织得到消息，制造了多起恐怖事件的“狐狸”组织首领山本与另外一些核心成员，一年前躲避到 R 国来了。现在他们频繁接触，似乎在酝酿新的恐怖计划。反恐组织经过秘密调查发现，该组织的成员碰面形式很奇怪：第一名头目的助手隔 1 天去头目那里一次，协助他处理事情；第二名恐怖分子隔 2 天去一次，第三名恐怖分子隔 3 天去一次，第四名恐怖分子隔 4 天去一次……第七名恐怖分子要每隔 7 天才去一次。为了避免打草惊蛇，反恐组织领导人森田探长决定等到 7 名恐怖分子都碰面的那天再采取行动，从而一网打尽。

问题是，这 7 名恐怖分子什么时候才会一起碰面呢?

我最聪明

要解决这个问题，必须先从“狐狸”组织第一个助手开始去的那个晚上计算。假如 7 个恐怖分子头目可以同时碰面，他们之间间隔的天数一定能够被 2、3、4、5、6、7 整除，现在可以很方便地得出这个数字是 420。因此，在他们开始会面的第 421 天，7 人将首次同时出现。而由于他们已经在 R 国住了一年，因此离这一天的到来已经不会太远了。

合理分财产

日本富翁武冈是个吝啬鬼，他一生积累下很多财产，临死之前，他要把这些财产分给他的儿子们。武冈让律师整理好自己的财产，特别是将金条的数目点清楚以后，他写了一份让人难以理解的遗嘱。他告诉律师，假如有人可以解开他这份遗嘱，那么就可以顺利地得到自己的遗产，但要是没有人能解开，他就将所有的遗产带进棺材里。

那么，他遗嘱的内容到底是怎样的呢？武冈写道："我所有的金条，给长子 1 根又余数的 1/7，分给次子 2 根又余数的 1/7，分给第三个儿子 3 根又余数的 1/7……以此类推，一直到不需要切割地分完。"

武冈有个儿子非常聪明，他想出了办法，公平地将金条分给了自己的兄弟。那么，你是不是可以计算出武冈到底有几个儿子，又有多少金条呢？

我最聪明

武冈最后一个儿子得到的金条数目，应等于儿子的人数。金条余数的1/7对他来说是没有份的，因为既然不需要切割，在他之前已经没有剩下的金条了。接着，第二个儿子得到的金条，要比儿子人数少1，并加上金条余数的1/7，这就是说，最小儿子得到的是这个余数的6/7。由此可知，最小儿子所得金条数应能被6除尽。假设小儿子得到了6根金条，那就是说，他是第六个儿子，那人一共有6个儿子。第五个儿子应得5根金条加7根金条的1/7，即应得6根金条。

现在，第五、第六两个儿子一共得6+6=12根金条。那么第四个儿子分得4根金条后，金条的余数是12/（6/7）=14，第四个儿子得4+14/7=6根金条。

现在计算第三个儿子分得金条后金条的余数：6+6+6=18（根），因此，全余数应是18/（6/7）=21。第三个儿子应得3+（21/7）=6根金条。

用同样方法可知，长子、次子各得6根金条。这样，前面的假设得到了证实，答案是共有6个儿子，每人分得6根金条，一共36根金条。

香蕉的数量

桌子上有一篮子香蕉，现在要把这篮子香蕉给分了，假如给每人3根香蕉时，篮子里总共剩下两根；假如一人得到4根香蕉，最后会剩下3根；假如一人得到5根香蕉，最后会剩下4根。

假如你想问篮子里的香蕉有多少根，放香蕉的人也不清楚。这个人只是说香蕉的数量大概不会超过100根。现在，你看看是不是能算出来，篮子里的香蕉的数量呢?

我最聪明

假设在篮子里增加一根香蕉，那么无论每次拿出3根、4根还是5根，所有的香蕉都正好被分完，不多也不少。按照这个思路，香蕉的总数就是3、4、5的公倍数，也就是3×4×5的积，即60。这是假设在篮子里增加一根香蕉后的结论，即香蕉的数量是60的倍数，那么总数就有可能是120根、180根。但是放香蕉的人又说香蕉的总数不会超过100根。因而篮子中增加一根香蕉后，香蕉的总数是60根。因此，从这个数中减去加进去的那一根，那么篮子里香蕉的总数应该是59根。

剪裁合适的桌布

章先生家里有一张朋友送给他的餐桌，这个餐桌形状奇怪，桌面呈正三角形。章先生的妻子一直想给这个餐桌配一块合适的桌布。找来找去，章太太也只找到了一块桌布，但是这块桌布的形状更加古怪，它的形状是正六边形。章太太截取了这个六边形桌布的一边，测量了一下桌布的面积，正好与桌面的大小一样，可以用来铺桌子了。现在的问题是，章太太想把这块布剪成三块，拼成一块符合桌面形状的正三角形。

那么，章太太该怎么做呢?

我最聪明

解答这道题的关键就是隐藏着的正三角形，只要找到正六边形与正三角形之间的联系和区别就能够很容易地解答这个问题了。另外，你也可以画一个正六边形，再画一个正三角形。这样，用具体的图形来比量，也可以很容易解决问题。

球的重量

有一个没有刻度的托盘天平里放着9个小球，这9个小球中，只有一个重量较轻。现在，只给你两次称重的机会，你能否找出那个重量较轻的小球？

我最聪明

把9个球分为三组，每三个球为一组。先将其中任意两组球置于天平上称重，假如天平表现出不平衡，显然，较轻的小球一定在跷起的一组中。假如天平两边平衡，那么较轻的小球一定不在天平托盘上的两组小球里，而在第三组小球中。这样，从可能包含最轻的小球的那一组里任取两个球放在天平上，这样一来，根据前一次称重的经验，就完全可以判断出较轻的小球是哪一个了。

钟表中的现象

当手表或是时钟恰好3:00的时候，你看一下，你可以发现此时时钟的时针与分针刚好形成了90°角。通过计算你可以得知下一次时针比分针多走90°的时间约在4:05之后。

现在已经3:30了，你能不能用简单的方法计算出在4:05之后时针为什么会比分针多走90°呢?

我最聪明

多注意观察钟面上时针与秒针转动的过程，你会发现在12:50、1:55、3:00、4:05、5:10、6:15、7:20、8:25、9:30、10:35、11:40这11个钟点上，时针会和分针形成90度的角。因为走一圈是12小时，所以我们再用12除以12，单位是小时，从而得出1小时5分27$\frac{11}{3}$秒。这样来看，3:00之后，在4:05:27$\frac{11}{3}$时，时针会比分针多走90度。

两位数问题

有一个两位数。假如将个位和十位上的两个数加起来，它们的和是11；而假如将个位和十位上的两个数颠倒过来，所得到的结果比原来的数值小45。猜猜这个两位数是几？

我最聪明

这个两位数是83。假如没有简单的方法，可以用试一试的方法。因为题目中已经说明是两位数了，试起来也并不复杂。

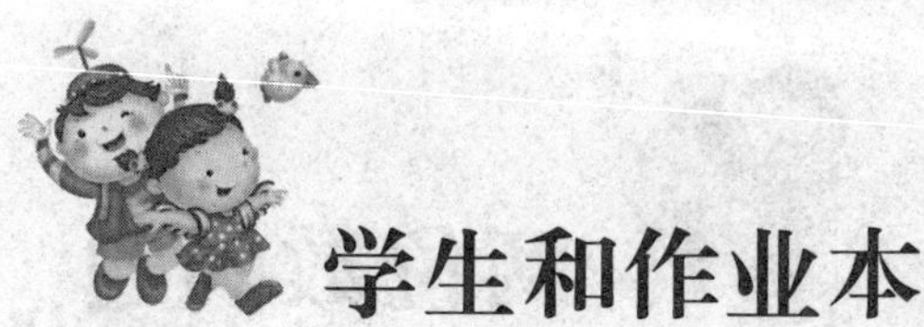

学生和作业本

新学期开始了，老师要给学生们每人发 5 个作业本，当老师买完本子以后，发现班里多了 3 个学生，老师算了一下，要把自己手中现有的作业本发给学生，每个学生只能够得到 4 个作业本。

那么，老师究竟买了多少作业本，班里现在和原来的学生各有几个呢?

我最聪明

因为多出了 3 个学生，而这 3 个学生每人能够分得 4 个作业本，所以多出的 3 个人总共得到 12 个本子。这 12 个本子原本应该分给原有的学生每人一本，因而可知原来的学生每人少分到一本，所以可以判断出原来班里的学生人数应该是 12 人，现在是 15 人。而老师一共买了 60 个作业本。加上后来的 3 个学生，最后的分配情况是：60 个作业本分给 15 个学生，每人得到 4 本。

均分苹果

两个小男孩合作摘了一堆苹果，两个人要均分这堆苹果，但是怎么分都不合适，于是吵了起来。一位老师路过这里，听了情况以后，想了一个办法，让两个小男孩高兴地均分了这堆苹果。那么，老师到底想了什么办法呢？

我最聪明

老师先让一个小男孩把苹果平均分成两份，然后再让另外一个小男孩在分完的苹果中挑走一份。因为是第一个小男孩分的苹果，所以苹果在他眼中是大小相等的。第二个小男孩首先挑走了一份苹果，他觉得那份他挑走的才是最大的。所以，两个人都觉得非常满意。

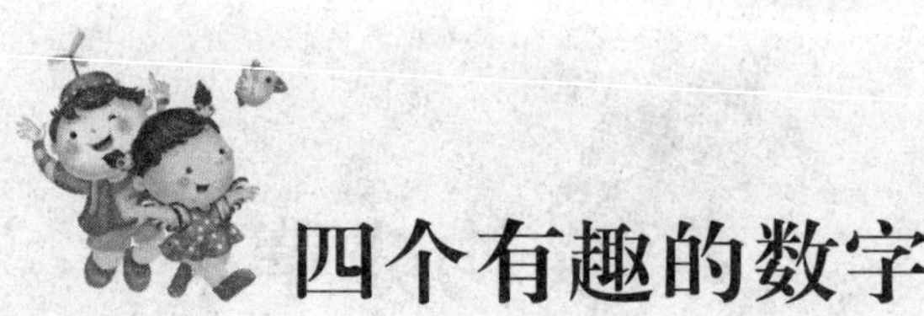

四个有趣的数字

有4个有趣的数字，假如将它们相加，则和是50。假如把这4个数字中的第一个数字加上4，第二个数字减去4，第三个数字乘以4，第四个数字除以4，便可以得到4个完全相等的新数。那么，你能不能算出，这4个数字分别是多少呢？

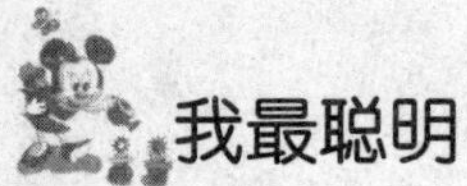

我最聪明

这四个数分别是4、12、2、32。

有多少钱

甲、乙、丙三个小孩一起出去玩，将他们身上的钱全部集中起来，一共是320元。在这些钱中，100元的一共是两张，50元的也是两张，10元的也是两张。现在知道这三个孩子所带的钱数中，相同面值的仅有一张，而且，没带100元的那个孩子也没带10元面值的纸币。没带50元的孩子也没带10元的纸币。现在，你能尽快地算出每个孩子都带了多少面值的纸币吗？

我最聪明

甲带的是100元、50元和10元，共三张；乙带的钱与甲相同；丙压根儿就没带钱（甲、乙、丙可以互换）。

推算答案

下面有三个等式：

112 = 121

1112 = 12321

11112 = 1234321

根据这三个等式的规律，你能不能算出 1111111112 的等于多少呢?

我最聪明

12345678987654321。

跳舞的女性

小艳和男朋友一起去参加一个有趣的舞会，他们在一个圆圈里跳舞，圆圈里的人都和两个性别相同的人相邻。假设圆圈里有 12 位男性，你能不能算出来跳舞的女性有多少人？

我最聪明

小艳旁边的人既可以是两位男性，也可以是两位女性。但是如果是两位女性，那么每个人相邻的也必须是女性，那么男性就不会出现了，所以不成立，因此相邻的一定是男性。那么，可以得出结论就是圆圈里有 12 位男性和 12 位女性。

农田的面积

农场主杰瑞遇到了一个难题，现在他必须支付 80 美元以及若干千克的粮食作为一块农田一年的税收。杰瑞对他的邻居说，假如粮食的价格为每千克 75 美分，这笔开销相当于每英亩 7 美元，但现在粮食的市价已经涨到了每千克 1 美元，所以他要付的地租相当于每英亩 8 美元。他感觉自己付的实在是太多了，那么，你可以算出杰瑞的农田有多大吗？

我最聪明

假设杰瑞农田的英亩数为 X，需要支付粮食的千克数是 Y，那么根据题中的条件就可以列出一个方程式：$(0.75Y+80)/X=7$，$(Y+80)/X=8$，解出这两个方程式，就能够得出粮食的重量是 80 千克，而农田的面积是 20 英亩。

多少亲戚

宋妈妈正在水池边洗碗，邻居走过来看见便问她："你怎么洗这么多碗啊！你家有多少人吃饭啊?"宋妈妈说因为家里有亲戚。邻居问宋妈妈："你家来了多少亲戚呢?"宋妈妈笑着说："多少人我也不大清楚，我知道2个人共吃了一碗饭，3个人共吃了一碗汤，4个人共吃了一碗肉，一共用了65只碗。"那么，你可以算出宋妈妈家里到底来了多少亲戚吗?

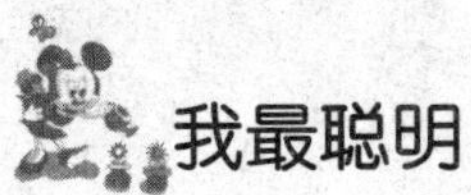

我最聪明

宋妈妈家一共来了60个亲戚。

需要的时间

蜗牛正沿着墙壁慢慢爬行，两小时后，蜗牛到达了离顶点还有一半路程的位置。又两个小时过去了，蜗牛爬了剩余路程的一半，也就是距离顶点 3/4 路程的位置。在接下来的两个小时中，蜗牛又爬了剩余路程的一半，在距离顶点 7/8 的位置上。照这样算下去，蜗牛需要爬多长时间才能到达墙的顶点？

我最聪明

蜗牛永远也不可能到达墙的顶点，它爬完每一个阶段后，都距顶点的距离还剩一半，因此始终都有一段路程等着爬。在下面的爬行中，它只爬一半的路程，仍旧有一段路程需要爬。

吃桃子的猴子

桃子树上结了很多桃子，一群猴子站在桃子树上。现在如果每只猴子吃 2 个桃子，树上还剩下 4 个桃子；如果每只猴子吃 4 个桃子，那么就有 2 只猴子吃不到桃子。你能不能计算出，到底树上有多少个桃子，又有多少只猴子呢？

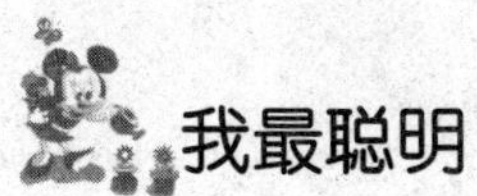

我最聪明

树上一共结了 16 个桃子，有 6 只猴子。

猎人和猎物

张猎户、王猎户、李猎户一起上山去打猎，张猎户打到了 3 只獐子，王猎户打到野猪的数量是张猎户和李猎户猎物总数的一半，李猎户打到的兔子数量是张猎户和王猎户猎物数量的和。那么，现在你计算一下王猎户和李猎户打了多少只猎物呢？

我最聪明

王猎户一共打了 6 只野猪，李猎户打到了 9 只兔子。

上课的人数

有一位老教授在做学术研究方面的报告，他在大学的一个大礼堂里讲课，讲课结束以后有人问他："这次听你讲课的一共多少人呢?"老教授说："在这些听课的人当中有一半是公务员，有1/4是技术人员，有1/7是工厂工人，还有3个是本校的学生。"

那么，请你算一算，听这个教授讲课的人数究竟有多少?

我最聪明

在大礼堂里听课的人数是28人。其中有14个公务员，7个技术人员，4名工厂工人。

农场中的动物

汤姆是个养殖专业户，前几天他花了1万元买了100头牲畜，在这些牲畜中1头牛的价格是1000元，1头猪的价格是300元，1只羊的价格是50元。那么，你可以算出汤姆买了多少头牛、多少头猪、多少只羊吗？

我最聪明

汤姆买了5头牛、1头猪和94只羊。

支付洗涤费

凯迪女士将丈夫和弟弟的领带与袖套，一共30件物品拿到洗衣店去洗。过了几天，洗衣店通知凯迪女士去取她之前送洗的物品。凯迪女士清点衣物时发现，洗好的袖套是当时自己送来的一半，领带是送来的1/3，凯迪女士支付了洗涤费用27美分。现在知道的是4只袖套和5条领带洗涤费用是相同的。那么，当凯迪女士要取回剩下的洗涤物品时，她需要支付多少费用呢？

我最聪明

凯迪太太需要支付的费用是39美元。一共有12只袖套和18条领带，每只袖套的洗涤费为2角5分，每条领带的洗涤费为2角，因此凯迪女士还需要支付39美元。

翻转硬币

桌子上面有7个硬币，全部是反面朝上的。现在要求把这7个硬币全部翻成正面朝上，一次必须翻5个硬币。那么，按照这条规则，你能不能将所有的硬币都翻成正面朝上呢？最少要翻多少次？

我最聪明

能，最少要翻3次。第一次翻1、2、3、4、5；第二次翻2、3、4、5、6；第三次翻2、3、4、5、7。

填出数学符号

下面的图形有三处问号，分别要填上相关的数学符号。从顶部开始，依照顺时针方向计算，看看这些问号处应该填上哪些合适的符号呢?

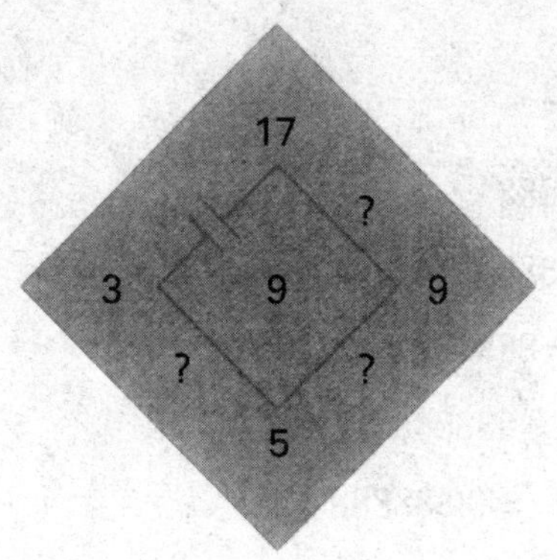

我最聪明

图片中数学符号的顺序，按照顺时针分别是：－、－、×。

数字结构塔

下面的这组数字结构塔十分有趣，乘号后面的问号，应该填上数字，而且这些数字是相同的。加号后面的问号，也应该填上一些数字，而这些数字是有变化的。试试看，你能不能将这些数字全部填写出来。

9×？ +？ =88

98×？ +？ =888

987×？ +？ =8888

9876×？ +？ =88888

98765×？ +？ =888888

987654×？ +？ =8888888

9876543×？ +？ =88888888

98765432×？ +？ =888888888

我最聪明

乘号后面的数字是“9”，加号后面的数字按照从上到下的顺序依次是：7、6、5、4、3、2、1、0。

字母与数字

下面是一组由字母组成的乘法算式，其中每个字母都代表 0—9 中间的一个数字，并且不同的字母代表不同的数字。假如将乘数的首位数字移作末尾数字，就变成了得数。那么，你可以算出 M 代表的是哪一个数字吗？

$$\begin{array}{r} A\ B\ C\ D\ E\ F \\ \times \qquad\qquad M \\ \hline B\ C\ D\ E\ F\ A \end{array}$$

我最聪明

假设 M＞1，那么 M 与 A 相乘，其结果必定小于 10。如果 A 不是 1，那么 M 和 A 是下面两对数字中的一对：第一对是 2 和 4，第二对是 2 和 3。

把这两对数字分别代入这个算式，使得 M 与 F 相乘，其末尾数是 A。为了求到合适的 F 数值，还需要求得 E 合适的值，使得 M 与 E 相乘，加上进位数字后末位数为 F。这样一步一步算起来，能够发现，将第一对数值代入时，当 M=2 的时候，D 不会有合适的数值，当 M=4 的时候，D 或是 E 不会有合适的数值。再将第二对数值代入，当 M=2 时，F 不会有合适的数值，而当 M=3 时，便会出现一个正确的算式。

$$\begin{array}{r} 2\ 8\ 5\ 7\ 1\ 4 \\ \times \qquad\quad 3 \\ \hline 8\ 5\ 7\ 1\ 4\ 2 \end{array}$$

而上述的推理是假设 A 不是 1 的情况，那么如果 A=1，M=7，则 F=3。当 M=7 的时候，E 与 F 都是3，当 M=3 时，便会出现另外一个合适的等式。

$$\begin{array}{r} 1\ 4\ 2\ 8\ 5\ 7 \\ \times \qquad\quad 3 \\ \hline 4\ 2\ 8\ 5\ 7\ 1 \end{array}$$

因此，可以看出不管是什么样的情况，M 的数值都是3。